Vita Mathematica
Band 2

Herausgegeben
von Emil A. Fellmann

Edelinck
Blaise Pascal

Blaise Pascal 1623–1662

von Hans Loeffel

1987 Birkhäuser Verlag
Basel · Boston

Frontispiz: BLAISE PASCAL
Stich von EDELINCK nach einem Gemälde von QUESNEL

CIP-Kurztitelaufnahme der Deutschen Bibliothek
Loeffel, Hans:
Blaise Pascal : 1623–1662 / von Hans Loeffel. –
Basel ; Boston ; Stuttgart : Birkhäuser, 1987. –
(Vita Mathematica ; Bd. 2)
ISBN 3-7643-1840-6
NE: GT

Typografie und Umschlag: Albert Gomm
Printed in Germany
ISBN 3-7643-1840-6

Inhaltsverzeichnis

Für Marlies

Vorwort

BLAISE PASCAL ist eine faszinierende, aber schwer fassbare Persönlichkeit universaler Prägung. Das geistige Vermächtnis des jugendlichen Genies erstreckt sich von der Mathematik, Physik und Philosophie bis hin zur Literatur und Theologie.

Der zweite Band der Serie *Vita Mathematica* ist der Biographie und dem wissenschaftlichen Werk gewidmet, wobei hier die Mathematik im Vordergrund steht. Nach einer einführenden Lebensbeschreibung werden die einzelnen Disziplinen vorgestellt, unter Einbezug gewisser allgemeiner entwicklungsgeschichtlicher Fakten. Es kommen zur Sprache: Die projektive Geometrie, die Rechenmaschine, das arithmetische Dreieck (heute PASCALsches Dreieck genannt), die Wahrscheinlichkeitsrechnung und die Infinitesimalrechnung. Ein kurzes Kapitel ist auch der Physik gewidmet.

Die mathematischen Abhandlungen PASCALS sind oft umfangreich und langatmig. Sie sind dem Leser unserer Zeit schwer zugänglich, denn PASCAL vermeidet fast vollständig den schon damals – allerdings in bescheidenem Masse – existierenden Formalismus und bedient sich fast durchwegs der rein verbalen Ausdrucksweise. Aus diesem Grunde schien die Umsetzung der verbalen Aussagen in die moderne Formelsprache besonders bedeutsam. Für jeden grösseren Problemkreis (z. B. Infinitesimalrechnung) haben wir ein repräsentativ erscheinendes Thema (z. B. Abhandlung über den Viertelskreis) in der Originalfassung gründlich beleuchtet und dann für den Leser unserer Zeit umgesetzt. Oft wurde der französische Urtext vorangestellt, um die Eleganz, Eindrücklichkeit und logische Stringenz der PASCALschen Sprachkunst vor Augen zu führen. Die Übersetzung in die deutsche Sprache verursachte – im Widerstreit zwischen aesthetischen Ansprüchen und mathematischer Genauigkeit – erhebliche Schwierigkeiten.

Die meisten Biographien, Essays und kritischen Auslegungen über PASCAL sind fast ausschliesslich seinem literarischen, philosophischen und theologisch-psychologischen Schaffen gewidmet. Mit einer derartigen Ausklammerung des naturwissenschaftlichmathematischen Wirkens verfehlt man aber den Kern der PASCALschen Denkweise und die existentielle Problematik seiner Persönlichkeit.

JACQUES CHEVALIER, der Herausgeber der vorzüglichen *Oeuvres complètes*, meint dazu:

> «Pour connaître PASCAL, il faut lire tout PASCAL. Chez lui, tout se tient.»

Wir hoffen, mit dieser Biographie, welche die Mathematik in den Vordergrund stellt, das übrige Werk aber nicht gänzlich ausschliesst, einen kleinen Beitrag zur Überwindung der Kluft zwischen dem *esprit de géométrie* und dem *esprit de finesse* geleistet zu haben.

Fächerüberschreitenden Charakter hat das Kapitel 7, das der mathematischen Methode und der «Kunst zu überzeugen» gewidmet ist. Seine wissenschaftstheoretischen und z.T. auch psychologischen Themen leiten über zum Kapitel 9, das den *PASCALschen Kosmos* vorstellt. Hier wird in Kürze das philosophisch-theologische Weltbild und Ringen PASCALS um Wahrheit und Glaube angesprochen. Im Mittelpunkt stehen hier jene Fragmente der berühmten *Pensées*, die eine Affinität zur mathematischen Denkweise und deren Grenzen haben.

Die vorliegende Biographie richtet sich nicht nur an den Mathematiker mit historischem Interesse, sondern auch an jene Vertreter der geisteswissenschaftlichen Disziplinen, die sich der mathematischen Denkweise und ihrer kulturellen Ausstrahlung nicht ganz verschliessen.

Das Thema «PASCAL» ist weitgefasst und berührt unterschiedlichste Fragen selbst dann, wenn man sich im wesentlichen auf Mathematik und Physik beschränkt. Ohne Hilfe von dritter Seite wäre dieses Buch nie Wirklichkeit geworden.

Einen ersten Dank möchte ich an meine Frau MARLIES richten, die mir immer wieder jene Zuversicht geschenkt hat, die für den glücklichen Abschluss eines solchen Unterfangens notwendig ist.

Fachliche Unterstützung durfte ich in erster Linie von meiner Kollegin Dr. math. M. GAUGLHOFER in Anspruch nehmen. Sie hat den ganzen Text kritisch durchgesehen und viele wertvolle Anregungen (besonders für Kapitel 6) eingebracht. Mein ehemaliger Lehrer, Prof. Dr. H. RAMSER (Aarau), sowie Prof. H. SURBER (St. Gallen) haben das Kapitel 2 einer kritischen Durchsicht unterzogen und Verbesserungsvorschläge gemacht. Prof. A. SCHNEIDER (St. Gallen) danke ich für zusätzliche Literaturhinweise für die Physik. Ein spezieller Dank gebührt Stud. oec. O. CUENDET (Genf), der mir bei der

Übersetzung behilflich war, sowie meinem Assistenten B. BENZ, der mir auf der Suche nach der weitverstreuten Literatur behilflich war. Dass an dieser Stelle auch der Herausgeber der Serie *Vita Mathematica*, Dr. E. A. FELLMANN, genannt sein soll, ist fast selbstverständlich. Seine ungezählten fachlichen und textorientierten Hinweise und Ratschläge haben dieses Buch massgebend mitgeprägt. Die reprotechnische Betreuung lag in den berufenen Händen von MARCEL JENNI, dem Leiter der Reprophotographie der Basler Universitätsbibliothek. Last but not least gehört der grosse Dank meiner Sekretärin T. RECHSTEINER (St. Gallen), die mit Sorgfalt und unendlicher Geduld die vielen Textentwürfe in eine mustergültige Form gebracht hat.

St. Gallen, im Frühjahr 1987 H. LOEFFEL

1 Biographie

«Unsere ganze Würde besteht also im Denken, an ihm müssen wir uns aufrichten und nicht an Raum und Zeit, die wir doch nie ausschöpfen werden. Bemühen wir uns also richtig zu denken, das ist die Grundlage der Sittlichkeit.»

B. PASCAL, *Pensées* [1, p. 1157]

In Europa tobte der Dreißigjährige Krieg. FRANCIS BACON, Staatsmann, Philosoph und Mitbegründer des englischen Empirismus, veröffentlichte sein Werk *Von der Würde und Vermehrung der Wissenschaften* und verkündete die Losung «Wissen ist Macht».

Das hierarchisch geformte Weltbild, auf der scholastischen Philosophie des Mittelalters begründet, geriet langsam ins Wanken.

In diese Epoche hinein, in der sich die Naturwissenschaft im Einklang mit der Mathematik zur führenden, geistigen und geschichtlichen Macht heranbildete, wurde BLAISE PASCAL am 19. Juni 1623 in Clermont, dem heutigen Clermont-Ferrand, geboren. Clermont liegt in der Auvergne, einer kargen, bergigen Landschaft im Herzen Frankreichs.

Die Vorfahren PASCALS, sowohl die seines Vaters ÉTIENNE als auch seiner Mutter ANTOINETTE, geb. BÉGON, gehörten dem Beamtenadel an. ÉTIENNE PASCAL war als Vizepräsident am «Cour des Aides» (Obersteuergericht) in der Finanzverwaltung der Provinz tätig. Er verkehrte mit vielen bedeutenden Männern aus Kultur und Wissenschaft und war insbesondere auch sehr an der Mathematik interessiert. Nach ihm ist die sogenannte *Pascalsche Schnecke* [1], eine bizirkulare Kurve 4. Ordnung, benannt. 1626 starb die Mutter

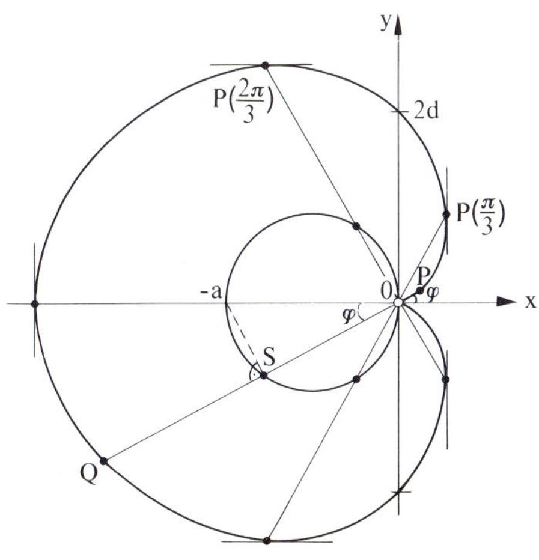

Abb. 2
PASCALsche Schnecke (Kardioïde): $(x^2 + y^2 - ax)^2 = a^2(x^2 + y^2)$.

Abb. 3
PASCALS Geburtshaus in Clermont-Ferrand.

ANTOINETTE, so daß fortan der Vater für die Erziehung seiner Kinder allein verantwortlich war. BLAISE hatte noch zwei Schwestern, GILBERTE, die spätere Madame PÉRIER, und JACQUELINE, die mit 26 Jahren in das Kloster Port-Royal von Paris eintrat. GILBERTE verfaßte eine Lebensbeschreibung ihres Bruders BLAISE[2], die allerdings von einigen Historikern mit Vorbehalt aufgenommen wird. Trotzdem werden einige Fragmente aus dieser authentischen Quelle in die vorliegende Biographie einfließen.

Die damalige Zeit war geprägt durch die Entdeckung neuer mathematischer Theorien, wie beispielsweise der analytischen Geometrie und der Wahrscheinlichkeitsrechnung. GALILEI begründete in jener Epoche die Mechanik, und seine Schüler leisteten mit vielen anderen Wissenschaftlern Vorarbeiten für die Infinitesimalrechnung. Auch im philosophisch-theologischen Bereich zeichnete sich unübersehbar eine Wandlung ab. Die Aristotelische Philosophie (unbestrittene Autorität in naturwissenschaftlichen Fragen) verlor an Gewicht zugunsten der späten griechischen Philosophie, der Stoa[3], die durch SENECA und EPIKTET vermittelt wurde. Sie bestimmte das moralische Verhalten der gebildeten Menschen oft mehr als das Christentum. Zwar vermied man eine öffentliche Konfrontation mit der offiziellen Kirche, resp. Kurie. Wer sich nicht daran hielt, mußte allerdings sein Verhalten bitter büßen. Wir erwähnen in diesem Zusammenhang lediglich die Tatsache, daß GALILEI im Jahre 1633 vor der römischen Kurie sein wissenschaftliches Credo abschwören mußte.

ÉTIENNE PASCAL gestaltete die Erziehung seiner Kinder ganz im Geiste des Moralphilosophen M. MONTAIGNE, der die Lebenshaltung des «Honnête Homme» nicht nur gelehrt, sondern auch gelebt hatte. Vor allem wurde im Ausbildungsprozeß die gedankliche Verarbeitung des neuen Wissensstoffes zugunsten des drillmäßigen Einübens in den Vordergrund gestellt. Besondere Sorgfalt verwendete ÉTIENNE darauf, seinem Sohn Griechisch und Latein zu vermitteln, wobei der Grammatik und dem Wesen der Sprache im allgemeinen gebührende Beachtung geschenkt wurde. Schon in frühester Jugend zeigte sich die außerordentliche mathematische Begabung von BLAISE, deren spontane Entfaltung sein Vater auch durch den Entzug von mathematischen Lehrbüchern auf die Länge nicht verhindern konnte. Insgeheim wandte sich das jugendliche Genie aus innerem Antrieb jener Wissenschaft zu, die so sehr den «Geist erfüllt und befriedigt». Jedenfalls berichtete seine Schwester glaubwürdig, daß der zwölfjährige Knabe von seinem Vater überrascht wurde, als er im Begriff war, mit «Runden» und «Stangen» (so nannte er Kreise und Geraden) zu experimentieren. Er war so aus eigenen Stücken durch Bildung von Definitionen und Axiomen sowie mit Hilfe logischer Folgerungen bis zum 32. Lehrsatz der *Elemente* EUKLIDS vorgestoßen[4].

1631 reiste ÉTIENNE mit seiner Familie nach Paris, wo er sich durch Vermittlung des Mathematikers LE PAILLEUR mit G. P. ROBERVAL anfreundete, der eben die Professur für Mathematik und Geographie am *Collège Royal* übernommen hatte. Durch diese Beziehung fand der ältere PASCAL bald Anschluß in der vom Minoriten-Pater MARIN MERSENNE im Jahre 1635 gegründeten «Freien Akademie». In diesem Kreise wurden Themen aus Philosophie und Theologie ebenso diskutiert wie solche aus der Physik und der Mathematik. Geistes- und Naturwissenschaft bildeten damals noch eine Einheit, die aber zusehends in ihren Grundfesten erschüttert wurde. MERSENNE koordinierte vor allem – und das war sein größtes Verdienst – den gelehrten Briefwechsel, den einzigen wissenschaftlichen Informationsträger in der Zeit des Hochbarocks, von den Monographien abgesehen. Berühmte Vertreter aus Wissenschaft und Kultur standen mit Père MERSENNE in Kontakt, so u. a. GALILEI, HUYGENS, FERMAT, PASCAL, DESCARTES.

Kennzeichnend für die damalige Epoche war der allmähliche Durchbruch zur *mathematischen* Behandlung naturwissenschaftlicher Phänomene. Als Markstein in der Geistesgeschichte ist der 1637 erschienene *Discours*[5] von Descartes zu bezeichnen, welcher den modernen französischen Rationalismus einleitete und fortan zum Leitstern wissenschaftlicher Denkweise wurde. Neben DESCARTES war es vor allem GALILEI, streitbarer Verfechter des heliozentrischen Weltsystems, der wissenschaftliche Pionierarbeit im wahrsten Sinne des Wortes geleistet hatte. 1638 erschienen seine *Discorsi* (*Unterredungen und mathematische Demonstrationen über zwei neue Wissenszweige, die Mathematik und die Fallgesetze betreffend*), ein Grundstein der theoretischen Mechanik.

Im gleichen Jahre protestierte ÉTIENNE PASCAL gegen eine auch ihn selber treffende Streichung der Staatsrenten, die auf das Hôtel de Ville in Paris eingetragen waren. Damit verärgerte er den mächtigen Minister RICHELIEU, und er mußte mit seiner Familie in die Auvergne fliehen, um der Einkerkerung in die Bastille zu entgehen. Doch bereits ein Jahr später erfolgte die Begnadigung, wohl in erster Linie deshalb, weil seine künstlerisch hochbegabte Tochter JACQUELINE im Rahmen einer Theatervorführung die Gunst RICHELIEUS zu gewinnen vermochte. ÉTIENNE wurde bald darauf, im

Abb. 4
Pater MARIN MERSENNE.

Jahre 1640, zum königlichen Steuerkommissar der Normandie, mit Sitz in Rouen, ernannt.

Bereits ab 1639 durfte der kaum sechzehnjährige BLAISE an den Sitzungen im Kreise der sog. Libertins («Freigeister») teilnehmen – nicht nur passiv, wie sich bald herausstellen sollte. So berichtete seine Schwester GILBERTE:

> «Es kam zuweilen vor, daß er Fehler entdeckte, welche die andern gar nicht bemerkt hatten.»

In jener Zeit veröffentlichte der französische Architekt und Mathematiker GIRARD DESARGUES eine schwer lesbare Abhandlung (*Brouillon project*) über Kegelschnitte, mit der die ersten Bausteine der *projektiven Geometrie* gelegt wurden. Nach kürzester Zeit erfaßte BLAISE den tieferen Sinn dieser Arbeit, und in der Folge erschien als Fortführung des *Brouillon* 1640 seine erste[6] wissenschaftliche Publikation, der *Essay pour les coniques* (*Abhandlung über die Kegelschnitte*). Als wichtigstes Resultat dieser Untersuchungen ist der berühmte Kegelschnittsatz zu erwähnen:
Im Sehnensechseck («Mystisches Hexagramm») eines Kegelschnitts liegen die drei Schnittpunkte je zweier Gegenseiten auf ein und derselben Geraden, der sogenannten *Pascalschen Geraden.*[7]

In mehrjähriger Arbeit entwickelte sich aus diesem Essay ein umfangreiches Werk über Kegelschnitte (*Traité des coniques*), dessen Manuskript leider verloren gegangen ist. Wir wissen davon nur indirekt etwas durch LEIBNIZ, der in einem Brief vom Jahr 1676 an ÉTIENNE PÉRIER, den Neffen von PASCAL, die Drucklegung der Arbeit uneingeschränkt empfahl [1, p. 63–70].

Der junge PASCAL zeigte nicht nur Interesse an Fragen der reinen Mathematik, sondern wandte sich bald auch der Lösung von konkreten Problemen aus Naturwissenschaft und Technik zu. Um seinem Vater bei den umfangreichen Berechnungen, die das Amt eines Steuerkommissars mit sich brachten, behilflich zu sein, kam er 1642 auf den Gedanken, eine *Rechenmaschine* zu konstruieren, mit der man die einfachsten arithmetischen Operationen (Addition und Subtraktion) rein mechanisch ausführen konnte. Die Verwirklichung dieser großartigen Idee, eine Tätigkeit, die ganz und gar im Verstand begründet ist, auf eine Maschinenfunktion zu reduzieren, erforderte großen Aufwand und Energie. Während die theoretische Konzeption bald entwickelt war, bereitete die mechanische Verwirklichung (insbesondere der sog. Übertrag) unerwartete Schwierigkeiten. Dies ist in Anbetracht der damals nur rudimentär vorhandenen Technik leicht zu verstehen. Doch PASCAL überwand diese Schwierigkeiten durch sein praktisches Talent und seinen unermüdlichen, ja hartnäkkigen Einsatz. Bereits 1645 konnte – nach Herstellung vieler Prototypen – das erste funktionstüchtige Modell zum Kauf angeboten werden. In einem gleichzeitig verfaßten Widmungsschreiben (*lettre dédicatoire*) an den Kanzler PIERRE SÉGUIER von Frankreich wurde am Schluß darauf hingewiesen, daß sich Kaufinteressenten durch Professor ROBERVAL die Funktionsweise der Maschine erklären lassen könnten.

Zu Beginn des Jahres 1646 verunfallte ÉTIENNE PASCAL auf dem Glatteis und wurde danach von zwei sog. *Jansenisten* oder «Rouvillisten»[8] gepflegt. Aus dieser Begegnung entwickelte sich bei den beiden PASCAL im Laufe der Zeit eine starke Affinität zum *Jansenismus*, einer damals einflußreichen Reformbewegung der katholischen Theologie. Man spricht in diesem Zusammenhang von der «première conversion» (erste Bekehrung). Die Lehre des Jansenismus basierte im wesentlichen auf dem *Augustinus* des niederländischen Theologen CORNELIUS JANSEN, Bischof von Ypern. Nach ihm ist, im Widerspruch zur Morallehre der Jesuiten, die Gnade Gottes der alleinige Grund des Seelenheils. Das im Jahre 1204 gegründete

Abb. 5
Port-Royal des Champs im 17. Jahrhundert.
Stich von MAGDELEINE HORTEMELS.

Zisterzienserinnenkloster in Port-Royal des Champs (in der Nähe von Versailles) bildete im 17. Jahrhundert das geistige Zentrum des Jansenismus. Ihre Wortführer, der Abbé Saint-Cyran und vor allem Antoine Arnauld, standen in enger Verbindung mit den beiden Pascal. Besonders Blaise sollte während seines ganzen Lebens schicksalhaft mit der «Logique de Port-Royal» verbunden bleiben.

Im Spätherbst 1646 erfuhr Blaise über Mersenne von den Barometerversuchen E. Torricellis. Diese Versuche wurden im Oktober und November desselben Jahres von Vater und Sohn Pascal sowie mit Unterstützung des Physikers P. Petit in Rouen wiederholt. Als Frucht dieser Anstrengungen erschien am 4. Oktober

Abb. 6
Antoine Arnauld.

1647 eine Abhandlung über den luftleeren Raum (*Expériences nouvelles touchant le vide*), in der die scholastische Auffassung vom «*horror vacui*» (Widerwillen der Natur gegen das Leere) offenkundig widerlegt werden konnte.

In jener Zeit lehrte in Rouen der Theologe JACQUES FORTON, Frère SAINT-ANGE genannt, eine neue rationalistisch gefärbte Philosophie, die im Gegensatz zur offiziellen Lehrmeinung der Kirche stand. PASCAL und zwei seiner Freunde verklagten ihn deshalb beim Erzbischof der Diözese Rouen, denn sie wollten verhindern, daß ein in Irrtümern befangener Mann junge Menschen verführen konnte. Frère SAINT-ANGE mußte in der Folge zwölf gewagte Thesen seiner Abhandlung *L'alliance de la foi et du raisonnement*[9] widerrufen. Diese Begebenheit widerspiegelt PASCALS Übereifer, ja Intoleranz in Fragen der Religion und des Glaubens. Nur auf diesem Hintergrund ist die komplexe Charakterstruktur von PASCAL zu verstehen. Sein Leben bewegt sich ständig im Spannungsfeld zwischen gläubiger Unterwerfung dogmatischer Prägung und wissenschaftlicher Wahrheitssuche. So lesen wir im Fragment 463 der *Pensées* [1, p. 1218]:

> «Unterwerfung und zugleich Gebrauch der Vernunft, darin besteht das wahre Christentum».

PASCAL befand sich wieder einmal nicht in bester gesundheitlicher Verfassung[10], als es am 23. und 24. September 1647 zu einer persönlichen Begegnung mit dem Philosophen und Mathematiker RENÉ DESCARTES kam. Das erste Treffen fand in Anwesenheit von ROBERVAL statt. Eine echte Verständigungsbasis zwischen dem reifen DESCARTES und dem jugendlichen Genie gab es kaum. Nicht nur in Fragen der Physik (luftleerer Raum), sondern auch in philosophisch-weltanschaulichen Belangen klafften die Meinungen auseinander. Vater und Sohn PASCAL übten am *Discours* von DESCARTES harte Kritik. Im Anhang dieses Werkes befindet sich die berühmte *Géométrie*, eine Vorform unserer heutigen analytischen Geometrie. PASCAL, als Vertreter der projektiven Richtung, stand diesen neuen Ansätzen eher ablehnend gegenüber.

Im wissenschaftstheoretischen Kontext höchst aufschlußreich ist ein Brief, den PASCAL am 29. Oktober 1647 an den Jesuitenpater NOËL[11] gerichtet hatte. Aus verschiedenen Äußerungen geht hervor, daß sich BLAISE auf der Grenze zwischen der metaphysisch orientierten Naturdeutung und dem modernen «GALILEIschen Naturwissenschaftsverständnis» stand. Letzteres findet typischen Ausdruck im Leitsatz, den wir dem der Physik gewidmeten Kapitel 8 vorangestellt haben.

Ende 1647 berichtete BLAISE in einem Brief an seinen Schwager PÉRIER von einem weiteren geplanten Experiment, das der Messung des Luftdrucks auf verschiedenen Höhen über Meer gewidmet war. Es fand denn auch im Herbst 1648 auf dem Puy de Dôme, einem 1645 m hohen Berg in der Nähe von Clermont, statt. Eine Wiederholung ähnlicher Experimente erfolgte wenig später am Turm der Kirche Saint-Jacques in Paris.

Im Jahre 1648 nahm der Dreißigjährige Krieg, der in Europa materielle und geistige Verwüstungen allergrößten Ausmaßes hinterließ, sein Ende. In dieser Zeit verfaßte PASCAL die Abhandlung *Generatio conisectionum* (Erzeugung von Kegelschnitten), das erste Kapitel des bereits früher erwähnten *Traité des coniques*. Im selben Jahr verlegte ETIENNE seinen Wohnsitz nach Paris. Seine Kinder traten nun in engen Kontakt mit dem Kloster Port-Royal, das nach Champs (in der Nähe von Versailles) verlegt wurde.

In einem Brief an den Mathematiker LE PAILLEUR berichtete BLAISE über seine wissenschaftliche Fehde um den luftleeren Raum mit PÈRE NOËL. Triumphierend erklärte er:

> «Es ist ziemlich leicht, die Ideen dieses Paters zu widerlegen, denn er ist der erste, sie selber in Frage zu stellen» [1, p. 390].

Eine weitere Abhandlung über das Gleichgewicht von Flüssigkeiten (*Récit de la grande expérience de l'équilibre des liqueurs*) beschloß die Aktivitäten PASCALS in diesem geschichtlich bedeutsamen Jahr.

Die kommende Zeit brachte erneut Unannehmlichkeiten für die Familie PASCAL. Die Unruhen der Fronde [12] zwangen ÉTIENNE, sich mit seinen Kindern vorübergehend nach Clermont zurückzuziehen. Der junge PASCAL arbeitete wieder an seiner Rechenmaschine, für die er im Frühjahr 1649 vom Kanzler SÉGUIER der Universität Paris das königliche Privileg erhielt. Dieses Privileg sicherte ihm das ausschließliche Monopol für Fabrikation und Verkauf nicht nur seiner eigenen Entwicklung, sondern auch jeder anderen Rechenmaschine dieser Art.

Wissenschaftler jener Zeit, die nicht von Haus aus wohlhabend waren, konnten nur dann ihre geistigen Fähigkeiten optimal entwickeln, wenn sie von Fürsten oder Königen materiell unterstützt und gefördert wurden. Das war auch der Fall bei DESCARTES, der gegen Ende seines Lebens als Privatlehrer am Hof der Königin CHRISTINE von Schweden gewirkt hatte. Er starb dort im Jahre 1650 an den Folgen einer Lungenentzündung.

Im November desselben Jahres kehrte die Familie PASCAL

wieder nach Paris zurück. Schon im darauffolgenden Jahr starb der Vater ÉTIENNE im September 1651. Schmerz und Trauer über den Verlust seines Vaters veranlaßten BLAISE, in einem, an seine Schwester GILBERTE gerichteten Brief, über Sünde, Tod und Unsterblichkeit der Seele nachzudenken [1, p. 490]. In derselben Zeit redigierte der junge PASCAL eine weitere Abhandlung über den luftleeren Raum (*Traité du Vide*).

Im Jahre 1652 reifte in JACQUELINE der Entschluß, ins Kloster Port-Royal einzutreten, was BLAISE vergeblich durch vorläufige Verweigerung einer Mitgift zu verhindern versuchte. Die Nonnen in diesem Kloster waren an der jansenistischen Bewegung mehr passiv als aktiv beteiligt. So klang aus den Äußerungen der Äbtissin Mère ANGÉLIQUE nur Demut und Ergebenheit in den Willen Gottes. Umso tragischer wirkten sich für die empfindsame JACQUELINE die künftigen Auseinandersetzungen um diese Klosterstätte aus. Bereits 1653 zeichnete sich für den Jansenismus eine düstere Bedrohung ab, indem Papst INNOZENZ X fünf Sätze aus dem *Augustinus* verdammte. Trotz dieser Vorkommnisse nahm JACQUELINE gleichen Jahres den Schleier, nachdem sich in Fragen der Mitgift ein Kompromiß finden ließ.

Im Juni des Jahres 1652, in dem die sogenannte *«weltliche Periode»* von PASCAL begann, richtete er ein sehr schmeichelhaft und fast unterwürfig abgefaßtes Schreiben an Königin CHRISTINE von Schweden. Gleichzeitig ließ er ihr ein Exemplar seiner Rechenmaschine überreichen. Die an BOURDELOT, Arzt der Königin, gerichtete Schrift über den Werdegang der Rechenmaschine, einschließlich einer Gebrauchsanweisung, ist leider verlorengegangen. Im genannten Brief skizzierte PASCAL die «Ordnungen der Wirklichkeit» und meinte, daß der geistige Kosmos von höherer Ordnung sei als der materielle («les esprits sont d'un ordre plus élevé que les corps»). Es ist anzunehmen, daß PASCAL mit seinem Schreiben die Absicht verfolgte, als mathematisch-philosophischer Berater in die Fußstapfen des unlängst verstorbenen RENÉ DESCARTES treten zu können. Diese Hoffnung wurde aber nicht erfüllt; grundsätzliche weltanschauliche Differenzen dürften dafür verantwortlich gewesen sein. PASCAL schätzte die Publizität in jener Zeit und führte im Salon der Madame D'AIGUILLON [13] die Rechenmaschine vor und explizierte seine Theorie vom luftleeren Raum.

Vom Oktober 1652 bis Mai 1653 befand sich BLAISE in Clermont. Es wird berichtet, daß er sich «dauernd in Gesellschaft einer schönen, gebildeten Dame» befand.

In vieler Hinsicht bedeutsam waren für Pascal die Begegnungen mit dem Herzog von ROANNEZ, dem Chevalier DE MÉRÉ und dessen Freund MITON, umfaßend gebildeten Persönlichkeiten mit «weltmännischem Schliff». Chevalier DE MÉRÉ, Schriftsteller und Repräsentant des «honnête homme», verkehrte des öfteren in vornehmen Salons, wo man Glücksspiele verschiedenster Art tätigte. Die hierbei auftretenden Probleme in der Bewertung von Chancen bei unsicheren Ereignissen konnte DE MÉRÉ nicht selbständig lösen und wandte sich deshalb an seinen mathematisch versierten Freund PASCAL. Die hieraus resultierenden Diskussionen führten schließlich zur Grundlegung eines neuen mathematischen Wissenszweiges, der sogenannten *Wahrscheinlichkeitsrechnung*.

Die «Geburtsstunde» dieser Disziplin kann auf den 29. Juli 1654 festgesetzt werden, Datum eines Briefes, den PASCAL an FERMAT richtete, indem er mit Stolz und Freude vermerkte:

> «Je vois bien que la vérité est la même à Toulouse et à Paris[14].»

Die angesprochene «gleiche Wahrheit» bezieht sich auf die Lösung von scheinbar einfachen Problemen, die bei einem speziellen Würfelspiel einerseits und beim sogenannten *Teilungsproblem* andererseits auftreten können.

Ebenfalls im Jahre 1654 richtete PASCAL ein in lateinischer Sprache verfaßtes, programmatisches Schreiben an die Akademie der Wissenschaften von Paris (*Adresse à l'Académie Parisienne*, [1, p. 73–74]). Dieses Schriftstück ist uns überliefert in einer Kopie, welche LEIBNIZ besaß, und aus dem hervorgeht, mit welchen mathematischen Studien sich PASCAL damals beschäftigte, und welche er geplant hatte. Einleitend vermerkte PASCAL nicht ganz unbescheiden, daß sehr wenig Menschen den Genius der Erfindung besäßen und zugleich die Kunst der Beweisführung beherrschten[15]. Dann kündigte er Abhandlungen zu folgenden Themen an:

- Summe von Potenzen der natürlichen Zahlen
- magische Quadrate, die bei Weglassen des Randes magische Quadrate bleiben[16]
- Verallgemeinerung des bereits in der Antike bekannten Kreisberührungsproblems von APOLLONIUS[17]
- umfaßendes Werk über Kegelschnitte
- Abhandlung über die Perspektive
- Rechenmaschine und Abhandlung über die Leere.

Von besonderer Tragweite war seine Ankündigung eines neuen mathematischen Wissenszweiges, welcher die «Verteilung des Zufalls» («répartition du hasard») zum Gegenstand hatte. Zukunftsweisend war die Aussage PASCALS, daß eine «Géométrie du hasard»[18] (Wahrscheinlichkeitsrechnung) für die Erfaßung von Gesetzmäßigkeiten im Bereich des Zufalls entscheidend mehr leistet, als das bloße Experiment. Dieser fast prophetisch anmutende Satz hat sich durch die Entwicklung und Verbreitung der Stochastik[19] für Wissenschaft und Praxis in unserer Zeit vollauf bestätigt.

In engem Zusammenhang mit der Wahrscheinlichkeitsrechnung stand eine großangelegte Studie über das *arithmetische Dreieck* (heute «PASCALsches Dreieck» genannt). Diese wurde vermutlich gegen Ende des Jahres 1654 niedergeschrieben, aber erst 1665 postum gedruckt. Wir wissen heute, daß dieses Zahlendreieck als solches schon viel früher bekannt war. PASCAL kommt jedoch das Verdienst zu, als erster diesen Gegenstand systematisch analysiert zu haben, unter gleichzeitiger Aufdeckung mannigfacher Anwendungsmöglichkeiten, auf die wir im Kapitel 4 näher eingehen werden.

Im Herbst 1654 des – rein wissenschaftlich gesehen – ertragreichen Jahres begann sich ein schon vor Monaten abzeichnender Prozeß der allgemeinen «Weltverachtung» zu manifestieren. Das Leben in den feinen Salons, die Reisen mit dem Chevalier DE MÉRÉ und dem Duc DE ROANNEZ sowie die anstrengende, wissenschaftliche Aktivität brachten PASCAL nicht jene Geborgenheit in Gott, nach der er zeitlebens gesucht hatte.

In der Nacht vom 23. auf den 24. November 1654 hatte BLAISE ein schicksalhaftes Erlebnis, eine mystische Erleuchtung («seconde conversion» genannt). Diese hielt er bruchstückhaft in seinem *Mémorial* fest.

In diesem geheimnisvollen Schriftstück, das PASCAL fortan im Futter seines Rockes eingenäht mit sich trug, ist nicht die Rede vom Gott der Philosophen und Gelehrten, sondern vom Gott der Vergessenen, der «Feuer auf die Erde wirft». Mit anderen Worten, Gott ist nicht eine philosophische Idee, sondern geschichtliche Gegenwart.

Unter dem Eindruck der geschilderten Ereignisse begann PASCAL seine Bindungen zur Welt – zumindest vorübergehend – zu lösen. Er war bemüht, sich an zwei sittlichen Grundsätzen zu orientieren, nämlich auf alle Annehmlichkeiten zu verzichten und alles Überflüssige zu meiden. Die erneute persönliche Annäherung an seine Schwester JACQUELINE brachte ihn wiederum in enge Verbindung mit den Jansenisten. Im Januar des Jahres 1655 zog sich BLAISE

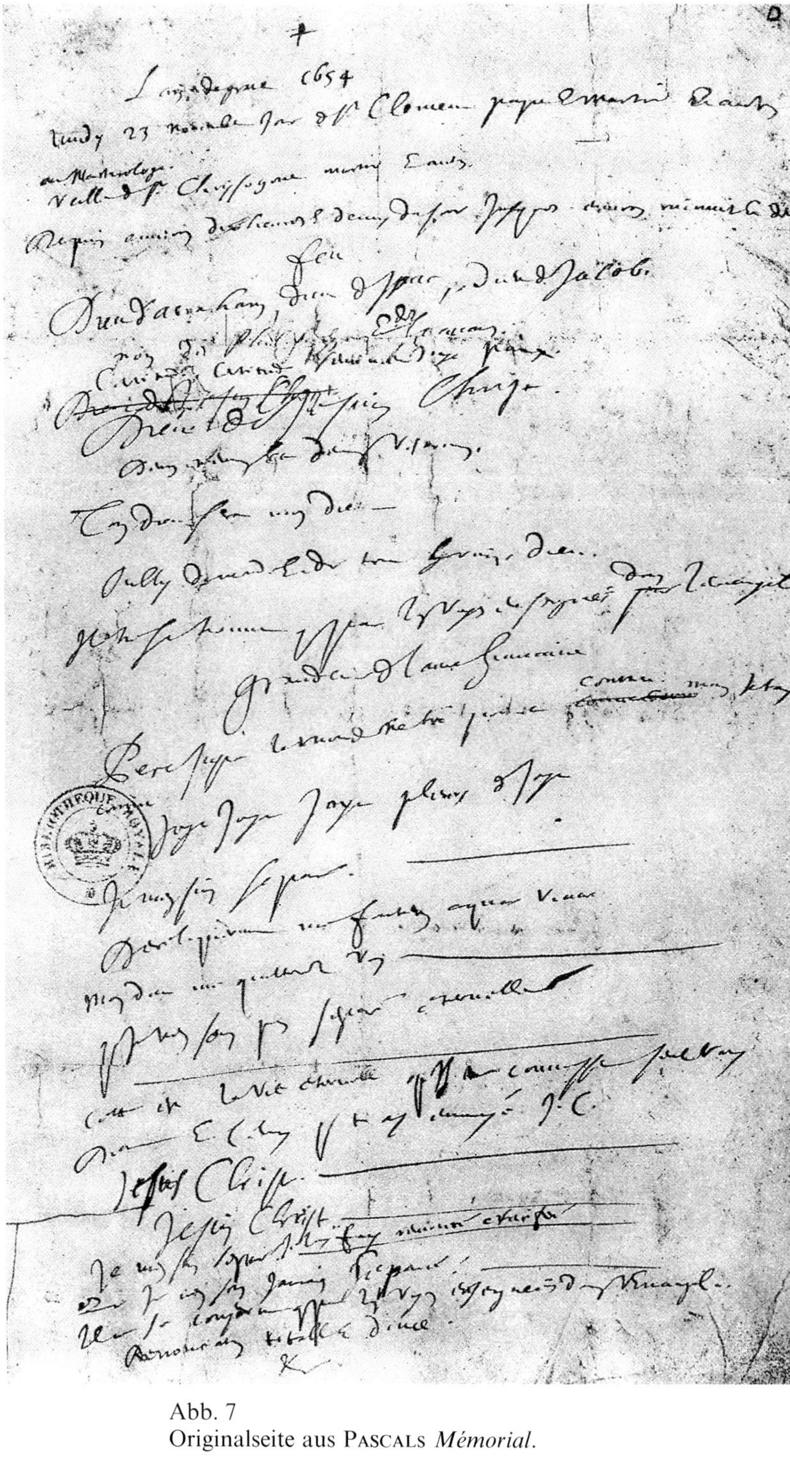

Abb. 7
Originalseite aus PASCALS *Mémorial*.

zum erstenmal als sogenannter «Solitaire» oder Einsiedler in eine karge Behausung in unmittelbarer Nähe der klösterlichen Gemeinschaft von Port-Royal zurück.[20] Bereits wenige Monate danach, am 14. Januar 1656, wurde der Hauptapologet von Port-Royal, A. ARNAULD, von der Pariser Sorbonne verdammt, Zeichen beginnender Auseinandersetzungen, in die auch PASCAL hineingezogen wurde.

In den *Lettres à un Provincial* (der erste Brief ist datiert vom 23. Januar 1656) griff PASCAL, unter dem Pseudonym LOUIS DE MONTALTE, die Kasuistik[21] der Jesuiten an, die sich einer reinen Gesetzesmoral verpflichtet fühlten. In den insgesamt 19 Briefen nahm PASCAL Partei für die Heilslehre des JANSENIUS, welche auf der Unbeeinflußbarkeit des göttlichen Gnadenentschlußes beruht. Diese Brieffolge bildete in ihrer alle Mittel der Ironie, des Hohns und des Scharfsinns beherrschenden schriftstellerischen Kunst einen Höhepunkt der klassischen Prosa Frankreichs. – Eine literarische Glanzleistung dieser Art ist nur erklärbar auf dem Hintergrund einer unbändigen Schaffenskraft eines jungen Menschen, der seine Jahre gezählt fühlte. Für PASCAL galt die Losung: «Mangel an Beschäftigung ist die Wurzel allen Übels».[22]

Es dauerte nicht lange, bis BLAISE die einst geübte religiöse Intoleranz selber treffen sollte. Im Herbst 1657 wurden nämlich seine Provinzialbriefe von der zuständigen römischen Kongregation auf den Index gesetzt.

Eine immer wieder aufgestellte Behauptung, wonach sich PASCAL nach dem 23. November 1654, der «nuit de feu», vollends von der Mathematik abgewandt habe, stimmt nicht. Vermutlich hat er unmittelbar nach Abfaßung der streitbaren Briefe im Auftrage von ARNAULD ein *Lehrbuch über Elementargeometrie* für die Zöglinge von Port-Royal verfaßt. Während dieses Werk leider verloren ging, sind uns die beiden inhaltsschweren und auch heute noch bedeutungsvollen fragmentarischen Artikel, *L'esprit géométrique* und *L'art de persuader*, überliefert [1, p. 575 ff].[23] PASCAL hat hier mit äußerster Klarheit die axiomatische Denkweise der Mathematik nicht nur dargelegt, sondern gleichzeitig die Grenzen ihrer Erkenntnismöglichkeit abgesteckt.

Immer stärker reifte in PASCAL der Entschluß, eine großangelegte *Apologie des Christentums* zu verfassen, deren Fragmente mit der Zeit in den berühmten *Pensées* zusammengefaßt wurden. Doch unversehens wandte er sich ein letztesmal mit fast übermenschlicher Schaffenskraft der Mathematik zu. In einer umfangreichen Studie wurden Flächen-, Inhalts- und Schwerpunktbestimmungen verschiedenster Art abgehandelt. Damit leistete PASCAL, gemeinsam mit vielen Zeitgenossen, einen gewichtigen Beitrag für die im Aufbau begriffene und wenige Jahrzehnte später vollendete *Infinitesimalrechnung* Leibnizscher Prägung.

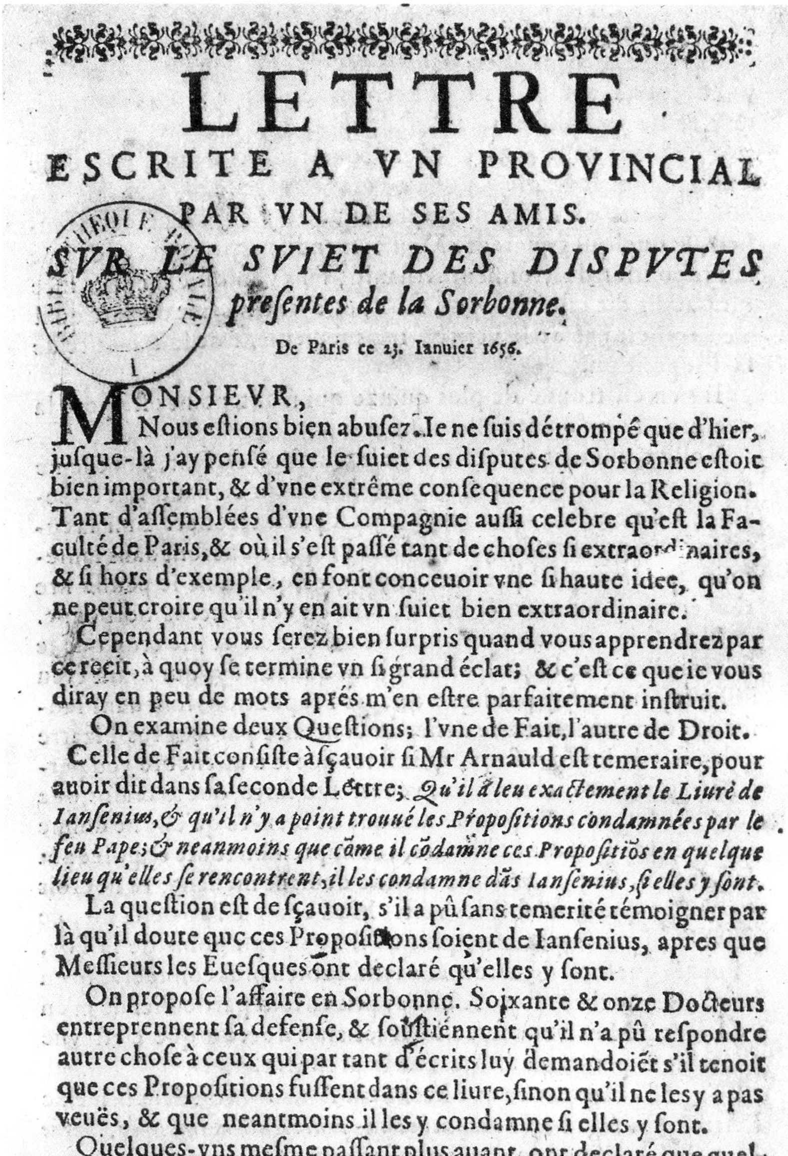

LETTRE
ESCRITE A VN PROVINCIAL
PAR VN DE SES AMIS.
SVR LE SVIET DES DISPVTES presentes de la Sorbonne.

De Paris ce 23. Ianuier 1656.

MONSIEVR,

Nous eſtions bien abuſez. Ie ne ſuis détrompé que d'hier, juſque-là j'ay penſé que le ſuiet des diſputes de Sorbonne eſtoit bien important, & d'vne extrême conſequence pour la Religion. Tant d'aſſemblées d'vne Compagnie auſſi celebre qu'eſt la Faculté de Paris, & où il s'eſt paſſé tant de choſes ſi extraordinaires, & ſi hors d'exemple, en font conceuoir vne ſi haute idee, qu'on ne peut croire qu'il n'y en ait vn ſuiet bien extraordinaire.

Cependant vous ſerez bien ſurpris quand vous apprendrez par ce recit, à quoy ſe termine vn ſi grand éclat; & c'eſt ce que ie vous diray en peu de mots aprés m'en eſtre parfaitement inſtruit.

On examine deux Queſtions; l'vne de Fait, l'autre de Droit.

Celle de Fait conſiſte à ſçauoir ſi Mr Arnauld eſt temeraire, pour auoir dit dans ſa ſeconde Lettre; *Qu'il a leu exactement le Liure de Ianſenius, & qu'il n'y a point trouué les Propoſitions condamnées par le feu Pape; & neanmoins que comme il condamne ces Propoſitions en quelque lieu qu'elles ſe rencontrent, il les condamne dans Ianſenius, ſi elles y ſont.*

La queſtion eſt de ſçauoir, s'il a pû ſans temerité témoigner par là qu'il doute que ces Propoſitions ſoient de Ianſenius, apres que Meſſieurs les Eueſques ont declaré qu'elles y ſont.

On propoſe l'affaire en Sorbonne. Soixante & onze Docteurs entreprennent ſa defenſe, & ſouſtiennent qu'il n'a pû reſpondre autre choſe à ceux qui par tant d'écrits luy demandoient s'il tenoit que ces Propoſitions fuſſent dans ce liure, ſinon qu'il ne les y a pas veuës, & que neantmoins il les y condamne ſi elles y ſont.

Quelques-vns meſme paſſant plus auant, ont declaré que quelque recherche qu'ils en ayent faite, ils ne les y ont iamais trou-

A

Abb. 8
«Erster Provinzialbrief» im Druck.

Im Juni 1658 veröffentlichte PASCAL unter dem Pseudonym AMOS DETTONVILLE ein «*Preisausschreiben*» (*Première lettre circulaire relative à la cycloide*). Dieses forderte alle namhaften Mathematiker (u.a. CARCAVY, HUYGENS, WREN, WALLIS) jener Zeit auf, die obgenannten Probleme für die *Zykloide*[24] innert einer gesetzten Frist zu lösen. Man setzte einen Preis von 60 spanischen Dublonen aus, doch niemand wurde dieses Preises für würdig befunden. In der Beurteilung der eingegangenen Arbeiten zeigte sich PASCAL nämlich recht selbstsicher, ja sogar überheblich. Er selber veröffentlichte wenig später eine tendenziös gefärbte *Histoire de la Roulette*[25] und publizierte anfangs 1659 seine eigenen Resultate und Methoden. Diese befaßten sich ausschließlich mit dem Inhaltsproblem im weitesten Sinne.

Die PASCALsche Arbeitsweise ist geometrisch orientiert, hat rein verbalen Charakter und stützt sich auf eine modifizierte Indivisiblen-Geometrie im Sinne von CAVALIERI. PAUL VALÉRY meinte in diesem Zusammenhang etwas polemisch, PASCAL habe «Gedankenfragmente in seine Taschen eingenäht» und dafür die Erfindung des Infinitesimalkalküls anderen überlassen. Doch es gehörte zu PASCALS Naturell, der, dem klassischen Universalitätsideal folgend, sich mehr dem *Prinzip einer neuen Idee* als ihrer sorgfältigen Entwicklung zugeneigt fühlte. Wohl in Auswirkung anstrengender wissenschaftlicher Tätigkeit verschlimmerte sich der Gesundheitszustand von PASCAL zusehends, so daß er zeitweise arbeitsunfähig war.

Bald gab es erneut unliebsame, ja gehäßige konfessionelle Querelen, die ihn trotz asketischer Lebensweise schwer belasteten. Herausgefordert und verunsichert zugleich waren die Geschwister PASCALS vor allem durch die von der offiziellen Kirche geforderte Unterzeichnung des sogenannten *Formulars*, welches den Jansenismus verdammen sollte. Während ARNAULD und JACQUELINE – letztere in großer Gewissensnot – unterschrieben, weigerte sich der kämpferische PASCAL. Nicht ganz unbeeinflußt von diesen unerquicklichen Vorgängen starb die feinfühlige Nonne JACQUELINE im Herbst des Jahres 1661.

Schon einige Monate vor diesem Ereignis faßte PASCAL den Entschluß, sich nun endgültig von der Mathematik abzuwenden. Dies bezeugt ein Passus aus einem Brief, den er am 10. August 1660 seinem kongenialen Kollegen FERMAT gesandt hatte:

> «Ich halte zwar die Mathematik als die höchste Schule des Geistes, gleichzeitig aber erkannte ich sie als nutzlos, daß ich wenig Unterschied

> mache zwischen einem Manne, der nur ein Mathematiker ist und einem geschickten Handwerker .... Bei mir kommt aber jetzt noch hinzu, daß ich in Studien vertieft bin, die so weit vom Geist der Mathematik entfernt sind, daß ich mich kaum mehr daran erinnere, daß es einen solchen gibt» [18, p. 104–105].[26]

Sein ganzes Denken und Fühlen wandte sich den existentiellen Fragen menschlichen Daseins zu. Systematisch arbeitete er an der oben erwähnten Apologie, die unter dem Titel *Pensées* erst 1669 postum publiziert wurde. Diese philosophisch und psychologisch tiefgründige Schrift hat einen vollendeten aphoristischen Schliff. So meint PASCAL etwa im 264. Fragment:

> «Nur ein Schilfrohr ist der Mensch, das schwächste der Natur, aber ein denkendes Schilfrohr» [1, p. 1156–1157].[27]

Viele Aussagen in den *Pensées* zeigen auch, daß PASCAL, obwohl selbst Naturwissenschaftler, im Religiösen der große Gegenspieler des naturwissenschaftlichen Rationalismus und Optimismus ist. Nach dem Vorbild des Kirchenvaters AUGUSTINUS ist für ihn das

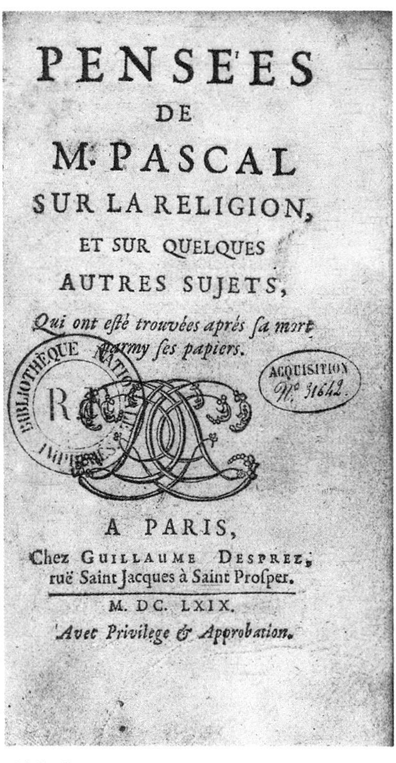
PENSEES
DE
M. PASCAL
SUR LA RELIGION,
ET SUR QUELQUES
AUTRES SUJETS,
Qui ont esté trouvées après sa mort parmy ses papiers.

A PARIS,
Chez GUILLAUME DESPREZ,
ruë Saint Jacques à Saint Prosper.
M. DC. LXIX.
Avec Privilege & Approbation.

Abb. 9
Erstausgabe der *Pensées* (1669).

«Herz» das eigentliche und höchste Organ der religiösen Urteilskraft sowie der unmittelbaren Erfahrung der Transzendenz.

> «Le coeur a des raisons, que la raison ne connaît pas»[28].

Wie seine Schwester GILBERTE berichtete, soll PASCAL in seinen letzten Lebensjahren bemüht gewesen sein, den bedürftigen Mitmenschen durch Almosen und gute Werke beizustehen. Der bereits todkranke PASCAL faßte den Entschluß, eine dem öffentlichen Interesse dienende Idee zu verwirklichen. Der Erfolg blieb nicht aus, denn im Januar 1662 erhielt er das königliche Patent für ein gemeinnütziges Transportunternehmen «Carosses à cinq sols». Es handelte sich um die erste Pariser Omnibuslinie, die am 18. März desselben Jahres eröffnet wurde.

Die sich stets verschlimmernde Krankheit bewog PASCAL, anfangs August 1662 das Testament zu erstellen und kurz darauf das Sakrament der letzten Ölung zu empfangen. Mit den Worten «Que dieu ne m'abandonne jamais»[29] starb BLAISE PASCAL am 19. August 1662 im Alter von 39 Jahren und zwei Monaten. Sein Leichnam wurde hinter dem Chor der Pfarrkirche von Saint-Étienne-du-Mont in Paris beigesetzt.

PASCAL, ein bedeutender Mathematiker und einer der größten religiösen Denker Frankreichs, hinterläßt ein Werk universalen Inhalts, das den denkenden Menschen aller Zeiten immer wieder zu fesseln vermag.

> «Denn was ist schließlich der Mensch in der Natur? Ein Nichts vor dem Unendlichen, ein All gegenüber dem Nichts, eine Mitte zwischen Nichts und All.» *Pensees* [1, p. 1106–1107][30]

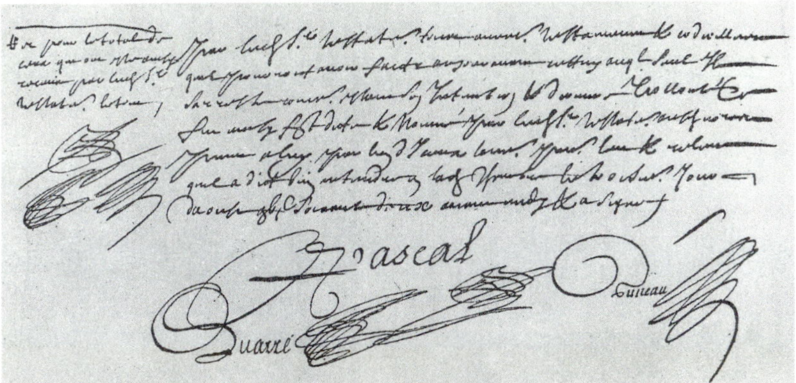

Abb. 10
Letzte Zeilen von PASCALS Testament.

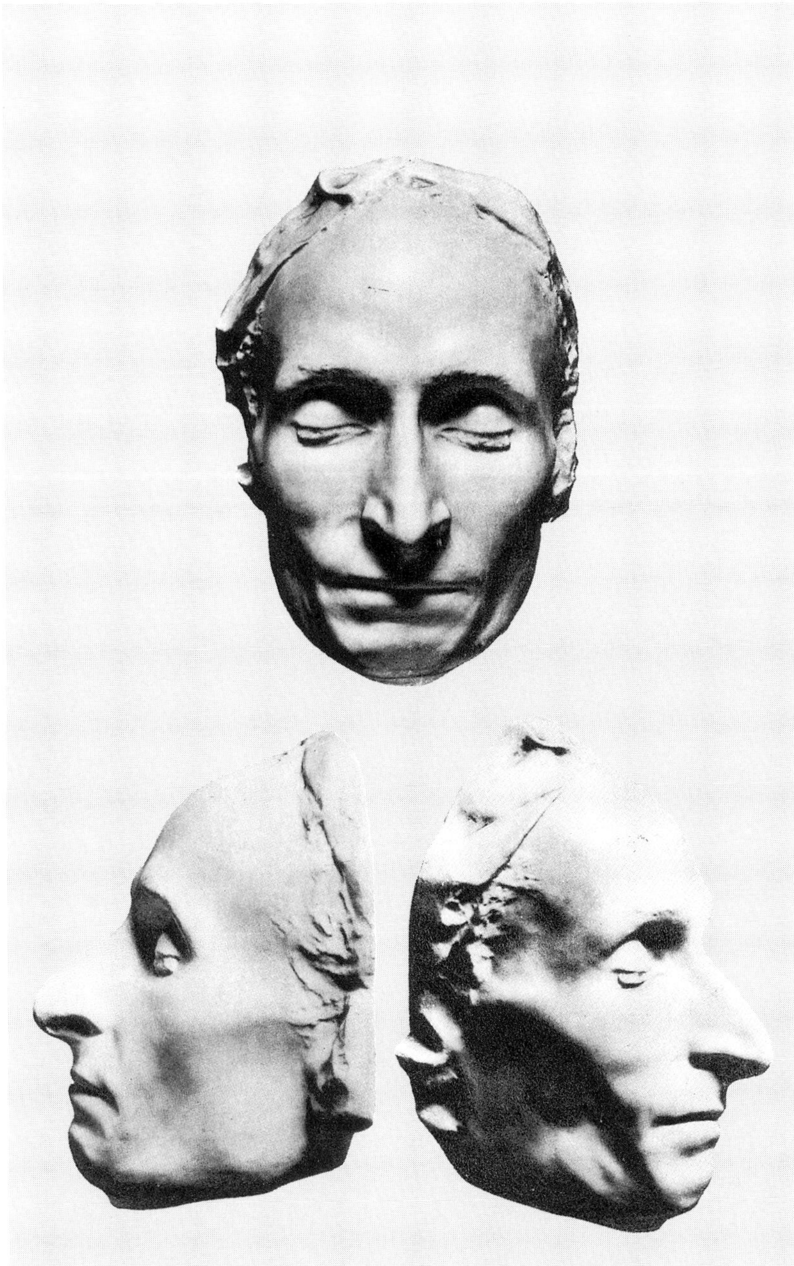

Abb. 11
Totenmaske von PASCAL.

2 Projektive Geometrie
(oder: Die Wiedergeburt der Geometrie)

Neben den hervorragenden Leistungen von EUKLID (Planimetrie und Stereometrie) und ARCHIMEDES (Flächen- und Raummessung) haben wir in diesem Kapitel des hochbedeutenden Geometers der Antike zu gedenken, nämlich APOLLONIOS VON PERGE. Dieser richtete sein Augenmerk insbesondere auf die Relationen zwischen den *Kegelschnitten* (Kreis, Ellipse, Parabel, Hyperbel).

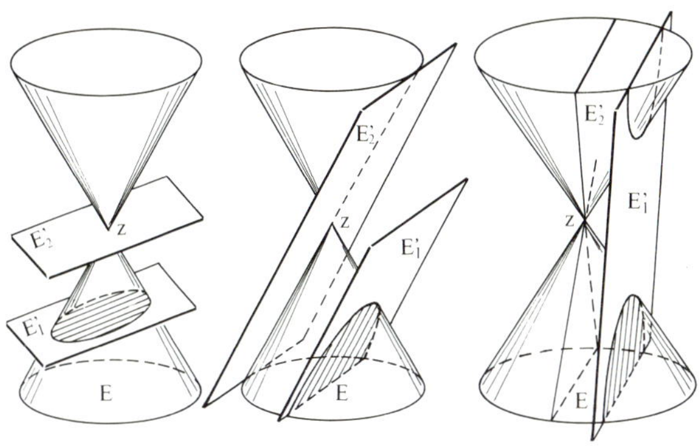

Abb. 12
Geometrische Darstellung zur Erzeugung von Kegelschnitten.

APOLLONIOS verfaßte ein aus acht Büchern bestehendes Werk, die *Conica*. Hier werden im Buch I erstmals die oben genannten Kurven als ebene Schnitte eines Kreiskegels erklärt (Abb. 12). Die erstaunliche Tiefe dieses Werkes kann etwa daraus ersehen werden, daß bereits die Theorie von Pol und Polare (Buch III) und jene der konjugierten Durchmesser (Buch VII) abgehandelt wird [31, p. 44]. Die erste Druckausgabe der *Conica* erschien 1537 in Venedig.

APOLLONIOS blieb von den Zeitgenossen weitgehend unverstanden. Erst viel später wurde sein Werk von Muslimen und abendländischen Mathematikern des Barock eifrig studiert.

Einen andern Mathematiker haben wir im Rahmen der projektiven Geometrie noch zu erwähnen, nämlich PAPPOS von

Alexandria (um 320 n. Chr.). Aus seinem achtbändigen Sammelwerk (*Collectiones mathematicae*) können wir entnehmen, daß er bereits den Begriff des *Doppelverhältnisses* von vier Punkten kannte: Unter dem Doppelverhältnis $(P_1 P_2 P_3 P_4)$ der vier Punkte P_1, P_2, P_3, P_4 versteht man den Quotienten

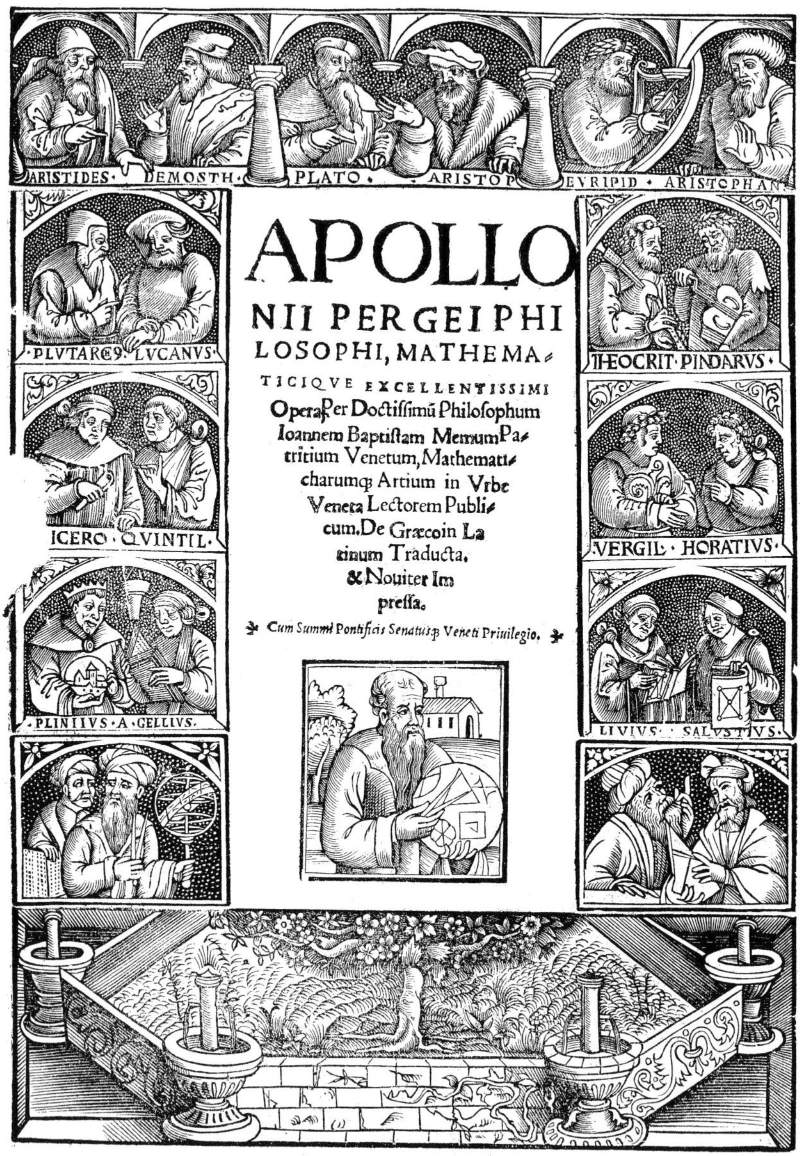

Abb. 13
Erstdruck der *Conica* des APOLLONIOS, Venedig 1537.

$$(P_1 P_2 P_3 P_4) = \frac{P_1 P_3}{P_2 P_3} : \frac{P_1 P_4}{P_2 P_4}.$$

Abb. 14
Darstellung zum «Doppelverhältnis».

Ein nach Pappos benannter Satz wird uns später als Spezialfall des Kegelschnittsatzes von Pascal wieder begegnen.

Satz von Pappos:

Liegen die Ecken $A_1, A_2, \ldots, A_6$ eines Sechsecks abwechselnd auf zwei Geraden g_1 und g_2, so befinden sich die Schnittpunkte X, Y, Z von je zwei gegenüberliegenden Seiten auf ein und derselben Geraden p.

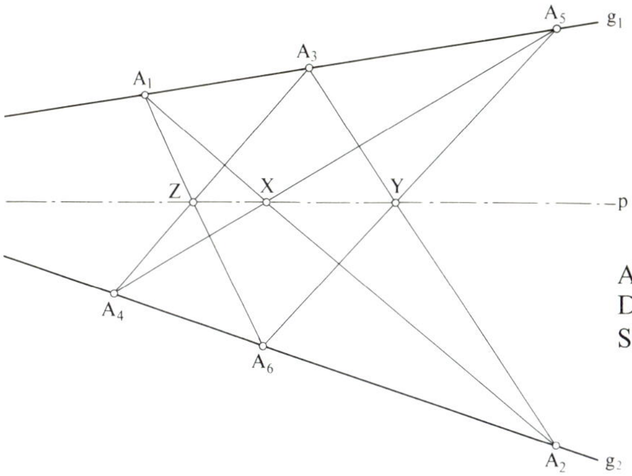

Abb. 15
Darstellung zum Satz von Pappos.

Die Zeit von Pappos bis ungefähr ins Jahr 1600 war für die Entwicklung der Geometrie weniger fruchtbar, wenn man von einer mathematischen Konsolidierung der Lehre von der *Perspektive* und vereinzelten Beiträgen der Renaissance-Künstler absieht.

Keplers Beschäftigung mit Kegelschnitten im Rahmen seiner *Astronomia nova* (1609) gab sicher einen gewaltigen Impuls zum Studium dieser Kurventypen. Auch neue Problemstellungen in der Optik, Geographie und Ballistik förderten das Interesse an dieser Art von Geometrie. Eine bedeutsame Neuorientierung im Bereiche der Geometrie wurde durch die Bedürfnisse der Malerei hervorgerufen, aus denen die bereits erwähnte Lehre von der Perspektive herauswuchs.

Ein Meister auf diesem Gebiet war der Kriegsingenieur und Architekt GIRARD DESARGUES, ein ebenso geschickter Praktiker als auch ein Geometer von schöpferischer Kraft. DESARGUES lehrte ab 1626 in Paris und verkehrte im Kreise der «Akademie um MERSENNE», wo er u.a. mit den beiden PASCAL bekannt wurde. Auch DESCARTES lernte er hier kennen. Beide wohnten übrigens 1628 der Belagerung von La Rochelle[31] bei, wo sich DESARGUES als Kriegsbaumeister einen Namen machte. Dieser veröffentlichte 1636 eine kurze Schrift zur Perspektive mit dem Titel:

> *Exemple de l'une des manières universelles du S*[*ieur*]. *G*[*irard*]. *D*[*esargues*]. *L*[*yonnais*]. *touchant la pratique de la perspective* etc....,
>
> [*Beispiel zu einer der allgemeinen Methoden des Herrn GIRARD DESARGUES in Lyon, betreffend die Praxis der Perspektive* ...].

Doch DESARGUES ging besonders in der Theorie einen entscheidenden Schritt weiter. Auf der Suche nach dem tieferen Sinn der grundlegenden Ansätze von APOLLONIOS hat er eine *umfassende Kegelschnittlehre* in die Wege geleitet. Als Frucht dieser Bemühungen erschien 1639 die Abhandlung

> *Brouillon project d'une atteinte aux événements des rencontres d'un cône avec un plan*
>
> [*Erster Entwurf eines Versuchs über die Ergebnisse des Zusammentreffens eines Kegels mit einer Ebene*].

Mit dieser schwerverständlichen Abhandlung (nicht zuletzt der ungewohnten Bezeichnungen wegen) hat DESARGUES die sogenannte *projektive Geometrie*[32] begründet. Von diesem Werk wurden nur ca. 50 Kopien gedruckt und unter Freunde verteilt. (Darauf ist es zurückzuführen, daß bis heute kein einziges Exemplar des *Brouillon project* nachweisbar ist). Mit Ausnahme von FERMAT, DESCARTES und PASCAL scheint niemand in der Lage gewesen zu sein, den tiefern Gehalt des DESARGUESschen Konzeptes zu würdigen.

Über 200 Jahre lang blieb der *Brouillon project* verschollen. Eine von PHILIPPE DE LA HIRE im Jahre 1679 verfertigte Abschrift wurde 1845 von M. CHASLES aufgefunden. Eine Originalausgabe kam 1950 ans Tageslicht und ist in der Bibliothèque Nationale in Paris aufbewahrt.

Worin bestehen nun die fundamentalen Neuerungen im DESARGUESschen Ansatz?

Abb. 16
RENÉ DESCARTES.
Nach dem Gemälde von Franz Hals.

a) Verwendung des *Unendlichen* in der Geometrie, aber in einem ganz andern Sinn als bei KEPLER und CAVALIERI. Parallele Geraden schneiden sich auch, nämlich im sog. *unendlich fernen Punkt Ω*

Abb. 17
Ω unendlich ferner Punkt

Kegel und Zylinder gehören derselben Klasse von Flächen an, denn letzterer kann als Kegel mit unendlich ferner Spitze aufgefaßt werden.

b) Die Kegelschnitte werden einheitlich unter dem Gesichtspunkt ihrer gemeinsamen Entstehung als *Zentralprojektion eines Kreises* untersucht.

c) Es stehen Eigenschaften im Mittelpunkt, die *invariant gegenüber der Zentralprojektion* sind. Als Beispiel sei die *Invarianz* des in Def. 1 eingeführten *Doppelverhältnisses* von vier Punkten genannt.

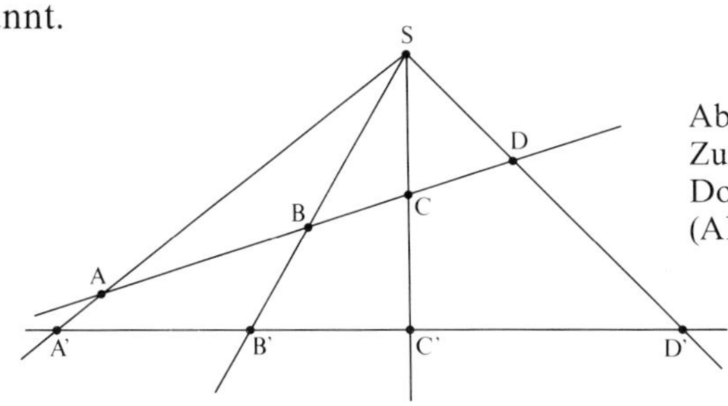

Abb. 18
Zur Invarianz des Doppelverhältnisses (ABCD) = (A′B′C′D′).

Der Beweis dieser Aussage findet sich im Anhang einer der Perspektive gewidmeten Abhandlung von ABRAHAM BOSSE, einem engen Freund von DESARGUES. In dieser 1648 erschienenen Schrift findet sich auch ein nach DESARGUES benannter Satz über *Dreiecke in perspektiver Lage*:

Satz von Desargues über Dreiecke in perspektiver Lage

Liegen zwei Dreiecke $A_1 B_1 C_1$ und $A_2 B_2 C_2$ in perspektiver Lage (die Verbindungsgeraden entsprechender Punkte gehen durch den Punkt S), so liegen die Schnittpunkte entsprechender Seiten (resp. ihrer Verlängerungen) auf einer Geraden s.

Es sei noch vermerkt, daß dieser Satz im dreidimensionalen Raum (die beiden Dreiecke liegen nicht in derselben Ebene) selbstverständ-

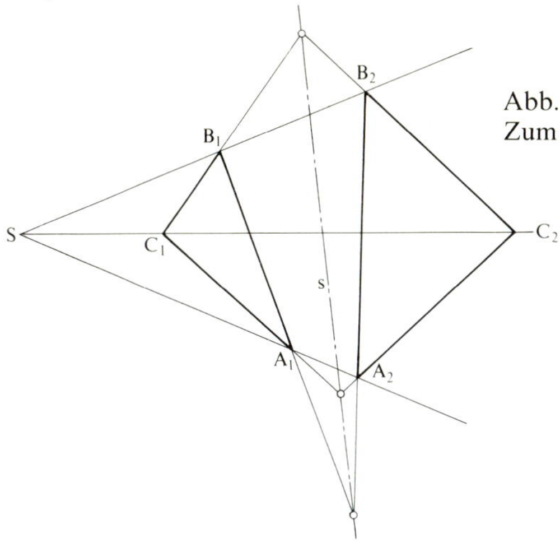

Abb. 19
Zum Satz von DESARGUES.

lich ist und direkt aus elementar-stereometrischen Überlegungen folgt.

Ein weiterer erwähnenswerter Satz von DESARGUES – er wird von PASCAL als «wunderbar» bezeichnet – ist den Begriffen *vollständiges Viereck* und *Involution* gewidmet. Ein *vollständiges Viereck* besteht aus den vier Eckpunkten A, B, C, D und den sechs Verbindungsgeraden. Unter einer *Involution* versteht man eine *projektive Abbildung der Periode* 2, d.h. jedes Element wird bei zweimaliger Anwendung in sich übergeführt.

Einem Kegelschnitt (in Abb. 20 ist es eine Ellipse) wird ein beliebiges Viereck $ABCD$ einbeschrieben, dessen Paare von gegenüberliegenden Seiten AD und BC, resp. AB und CD zusätzlich in Betracht gezogen werden.

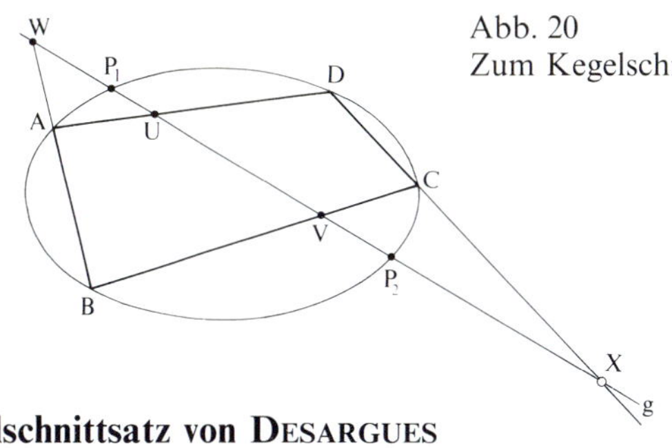

Abb. 20
Zum Kegelschnittsatz von DESARGUES.

Kegelschnittsatz von DESARGUES

Schneidet die beliebige Gerade g den Kegelschnitt in P_1 und P_2 und die Gegenseitenpaare in U und V, resp. in W und X, dann gehören die Punktepaare $P_1 P_2$, UV und WX einer Involution an, d.h.

$$(P_1 P_2 U W) = (P_2 P_1 V X), \qquad \text{oder}$$

$$\frac{P_1 U}{P_2 U} : \frac{P_1 W}{P_2 W} = \frac{P_2 V}{P_1 V} : \frac{P_2 X}{P_1 X}, \qquad \text{oder}$$

$$\frac{P_1 U \cdot P_1 V}{P_1 W \cdot P_1 X} = \frac{P_2 U \cdot P_2 V}{P_2 W \cdot P_2 X}.$$

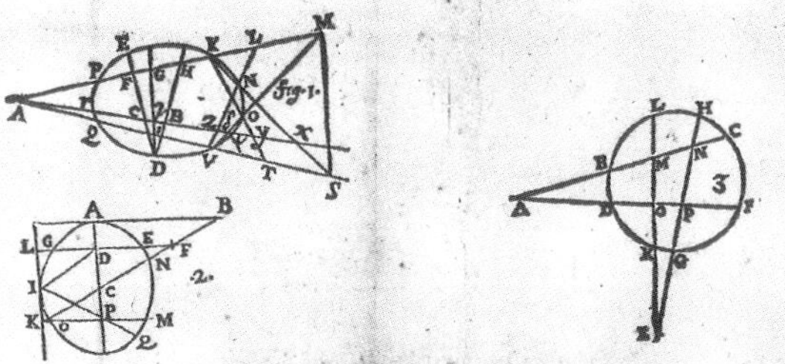

ESSAY POVR LES CONIQVES. Par B. P.

DEFINITION PREMIERE.

QVAND pluſieurs lignes droictes concourent à meſme point, ou ſont toutes paralleles entr'elles, toutes ces lignes ſont dites de meſme ordre ou de meſme ordonnance, & la multitude de ces lignes, eſt dite ordre de lignes, ou ordonnance de lignes.

DEFINITION II.

Par le mot de ſection de Cone nous entendons la circonference du Cercle, l'Elipſe, l'Hyperbole, la Parabole & L'angle rectiligne, d'autant qu'vn Cone coupe parallellement à ſa baſe, ou par ſon ſommet ou des trois autres ſens qui engendrent l'Elipſe, l'Hyperbole & la parabole engendre dans la ſuperficie Conique, ou la circonference d'vn Cercle ou vn Angle, ou l'Elipſe, ou l'Hyperbole, ou la parabole.

DEFINITION III.

Par le mot de droite mis ſeul, nous entendons ligne droite.

LEMM. I.

Figure. I. Si dans le plan, M, S, Q, du point M partent les deux droites MK, MV, & du point S, partent les deux droites SK, SV, & que K, ſoit le concours des droites MK, SK, & V, le concours des droites, MV, SV, & A, le concours des droictes MA, SA, & μ, le concours des droictes MV, SK, & que par deux des quatre points, A K μ V, qui ne ſoient point en meſme droite auec les points, M, S, comme par les points, K, V, paſſe la circonference d'vn cercle coupante les droites MV, MP, SV, SK, ès points, O, P, Q, N, ie dis que les droites, MS, NO, PQ, ſont de meſme ordre.

LEMM. II.

Si par la meſme droite paſſent pluſieurs plans, qui ſoient coupez par vn autre plan, toutes les lignes des ſections de ces plans ſont de meſme ordre auec la droite par laquelle paſſent leſdits plans.

Fig. I. Ces deux Lemmes poſez & quelques faciles conſequences d'iceux nous demonſtrerons que les meſmes choſes eſtant poſées qu'au premier Lemme, ſi par les points, K, V, paſſe vne quelconque ſection de Cone qui coupe les droites MK, MV, SK, SV, ès points, P, O, N, Q, les droites MS, NO, PQ, ſeront de meſme ordre, cela ſera vn troiſiéme Lemme.

En ſuitte de ces trois Lemmes & de quelques conſequences d'iceux nous donnerons des Elemens Coniques complets, à ſçauoir toutes les proprietez des diametres & coſtez droits, des tangentes &c. la reſtitution du Cone preſque ſur toutes les données, la deſcription des ſections de Cone par points, &c.

Fig. I. Quoy faiſant, nous enonçons les proprietez que nous en touchons d'vne maniere plus vniuerſelle qu'à l'ordinaire. Par exemple celle-cy, ſi dans le plan M S Q, dans la ſection de Cone, P K V, ſont menées les droictes AK, AV, atteignantes la ſection aux poincts PK, QV, & que de deux de ces quatre poincts qui ne ſont point en meſme droicte auec le poinct A, comme par les poincts K, V, & par deux poincts N, O, pris dans le bord de la ſection ſont menées quatre droictes KN, KO, VN, VO, coupantes les droictes AV, AP, aux poincts L, M, T, S, ie dis que la raiſon compoſée des raiſons de la droicte PM, à la droicte MA, & de la droicte AS, à la droicte SQ, eſt la meſme que la compoſée des raiſons de la droicte PL, à la droicte LA, & de la droicte AT, à la droicte TQ.

Fig. I. Nous demonſtrerons auſſi que s'il y a trois droictes DE, DG, DH, que les droictes AP, AR, coupent aux poincts F, G, H, C, γ, B, & que dans la droicte DC, ſoit determiné le poinct E, la raiſon compoſée des raiſons du rectangle EF, en FG, au rectangle de EC, en Cγ, & de la droicte Aγ, à la droicte AG, eſt la meſme que la compoſée des raiſons du rectangle EF, en FH, au rectangle EC, en CB, & de la droicte AB, à la droicte AH. Et eſt auſſi la meſme que la raiſon du rectangle des droictes FE, FD, au rectangle des droictes, CE, CD, partant ſi par les poincts E, D, paſſe vne ſection de Cone qui coupe les droictes AH, AB, ès poincts P, K, R, ψ, la raiſon compoſée des raiſons du rectangle des droictes EF, FC, au rectangle des droictes EC, Cγ, & de la droicte γA, à la droicte AG, ſera la meſme que la compoſée des raiſons du rectangle des droictes FK, FP, au rectangle des droictes CR, Cψ, & du rectangle des droictes AR, Aψ, au rectangle des droictes AK, AP.

Fig. III. Nous demonſtrerons auſſi que ſi quatre droictes AC, AF, EH, EL, s'entrecoupent ès poincts N, P, M, O, & qu'vne ſection de Cone coupe leſdites droictes ès poincts C, B, E, D, H, G, L, K, la raiſon compoſée des raiſons du rectangle de MC, en MB, au rectangle des droictes PF, PD, & du rectangle des droictes AD, AF, au rectangle des droictes AB, AC, eſt la meſme que la raiſon compoſée des raiſons du rectangle des droictes ML, MK, au rectangle des droictes PH, PG, & du rectangle des droictes EH, EG, au rectangle des droictes EK, EL.

Fig. I. Nous demonſtrerons auſſi cette proprieté, dont le premier inuenteur eſt Mʳ Deſargues Lyonnois, vn des grands eſprits de ce temps, & des plus verſez aux Mathematiques, & entr'autres aux Coniques, dont les eſcripts ſur cette mattiere, quoy qu'en petit nombre, en ont donné vn ample teſmoignage à ceux qui en auront voulu receuoir l'intelligence : & veux bien aduoüer que ie doibs le peu que i'ay trouué ſur cette matiere à ſes eſcrits, & que i'ay taſché d'imiter autant qu'il m'a eſté poſſible ſa methode ſur ce ſubjet, qu'il a traitté ſans ſe ſeruir du triangle par l'axe: Et traittant generalement de toutes les ſections de Cone, la proprieté merueilleuſe dont eſt queſtion eſt telle : ſi dans le plan MSQ y a vne ſection de Cone PQV, dans le bord de laquelle ayant pris les quatre poincts K, N, O, V, ſont menées les droicts KN, KO, VN, VO, de ſorte que par vn meſme des quatre poincts ne paſſent que deux droictes, & qu'vne autre droicte coupe tant l'abord de la ſection aux poincts R, ψ, que les droictes KN, KO, VN, VO, ès poincts x y Z δ, ie dis que comme le rectangle des droictes Zr, Zψ, eſt au rectangle des droictes yr, γψ, ainſi le rectangle des droictes δr, δψ, eſt au rectangle droictes xr, xψ.

Fig. II. Nous demonſtrerons auſſi que ſi dans le plan de l'hyperbole ou de l'elipſe, ou du cercle AGE, dont le centre eſt C, on mene la droicte AB, touchante au poinct A, la ſection, & qu'ayant mené le diametre CA, on prene la droicte AB, dont le quarre ſoit égal au quart du rectangle de la figure, & qu'on mene CB, alors quelque droicte qu'on mene, comme DE, parallele à la droicte AB, coupante la ſection en E, & les droictes AC, CB, ès poincts DF, ſi la ſection AGE, eſt vne elipſe ou vn cercle, la ſomme des quarrez des droictes DE, DF, ſera egale au quarre de la droicte AB, & dans l'hyperbole la difference des meſmes quarrez des droictes DE, DF, ſera egale au quarré de la droicte AB.

Nous deduirons auſſi quelques problemes, par exemple d'vn poinct donné mener vne droicte touchante vne ſection de Cone donnée.

Trouuer deux diametres coniuguez en angle donné.

Trouuer deux diametres en angle donné & en raiſon donnée.

Nous auons pluſieurs autres Problemes & Theoremes & pluſieurs conſequences des precedents, mais la defiance que i'ay de mon peu d'experience & de capacité ne me permet pas d'en auancer dauantage aduant qu'il ait paſſé à l'examen des habiles gens, qui voudront nous obliger d'en prendre la peine; apres quoy ſi l'on iuge que la choſe merite d'eſtre continuée, nous eſſayrons de la pouſſer iuſques où Dieu nous donnera la force de la conduire.

A PARIS, M. DC. XL.

Abb. 22
Erste Textseite aus PASCALS *Essay pour les coniques*.

Im Zusammenhang mit der Ermittlung von konjugierten Durchmessern sind die Begriffe von *Pol* und *Polare* von Bedeutung. Man betrachte in Abb. 21 einen beliebigen Kegelschnitt und den Punkt P außerhalb dieser Kurve. Legt man von P aus eine beliebige Gerade g, so schneidet diese den Kegelschnitt in A und B. Alle Punkte C, für die das Doppelverhältnis $(ABCP) = -1$ ist, liegen dann auf der Polaren p.

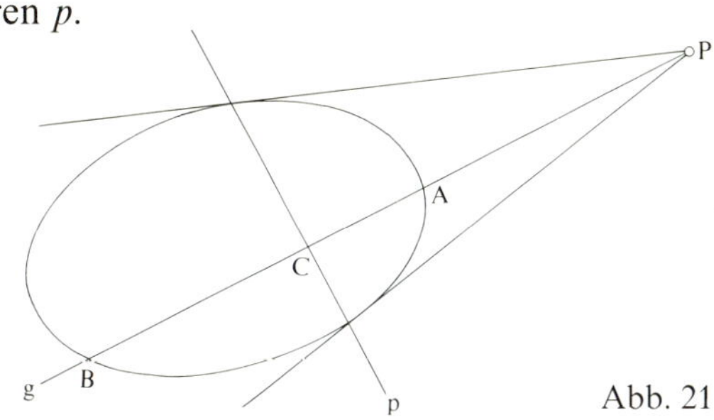

Abb. 21

P darf auch «unendlich fern» liegen, und auf diese Weise können Sätze über konjugierte Durchmesser und Asymptoten von Hyperbeln erschlossen werden.

Desargues – das können wir zusammenfassend feststellen – war einer der originellsten, aber auch umstrittensten Mathematiker des 17. Jahrhunderts. Allerdings blieben seine theoretischen Leistungen größtenteils unverstanden und gerieten bald in Vergessenheit.

Pascals Beiträge zur Geometrie

Wie aus den biographischen Unterlagen zu entnehmen ist, hat sich der jugendliche Pascal bereits mit zwölf Jahren erfolgreich und aus eigenen Stücken mit der Geometrie Euklids auseinandergesetzt.[33] Berücksichtigt man das große Interesse, das Pascal geometrischen Fragestellungen entgegengebracht hat, so ist man erstaunt über das wenige, was davon der Nachwelt auf diesem Gebiet schriftlich überliefert ist.

Neben zwei Publikationen, die dem methodologisch-didaktischen Bereich zuzuordnen sind (und auf die wir später eingehen), sind zwei Abhandlungen zur projektiven Geometrie (zumindest teilweise) bekannt. Wie schon angedeutet, fand Desargues in Pascal einen kongenialen Schüler und Nachfolger. Das eingehende Studium des B*rouillon project* hat es Pascal erlaubt, die zentralen Ideen seines Lehrers nicht nur zu erfassen, sondern auch weiterzuführen. Davon zeugt eine kurze Abhandlung mit dem Titel *Essay pour les coniques* (im folgenden kurz *Essay* genannt). Sie wurde im Februar 1640 in wenigen Exemplaren gedruckt und unter Freunde und Mitglieder der «Mersenneschen Akademie» verteilt. In nachstehender Abbildung ist.der Anfang der lediglich aus einer Seite bestehenden Flugschrift wiedergegeben. Ein Exemplar davon befindet sich in der Bibliothèque Nationale in Paris und ein anderes im Leibniz-Archiv in Hannover.

DESCARTES, der Mitbegründer der analytischen Geometrie, hatte Kenntnis vom *Essay* und war vom Inhalt ebenso überrascht wie beeindruckt. Vorerst zweifelte er daran, daß ein Sechzehnjähriger eigenständig eine solche wissenschaftliche Leistung zu erbringen imstande sei.

Der *Essay* besteht aus drei Definitionen, drei Lemmata und fünf Sätzen. Drei Figuren illustrieren das Ganze. Fast jeder Absatz beginnt mit «nous démontrerons» (wir werden darlegen); aber ein Beweis findet sich in der Folge nirgends.

In Definition II erklärt PASCAL – ganz im Sinne seines Lehrers DESARGUES – Ellipse, Parabel und Hyperbel als ebene Schnitte einer Kreiskegelfläche oder als *Zentralprojektion eines Kreises.* Aus der Reihe der Sätze wollen wir den vierten herausgreifen und zu diesem Zweck die uns interessierende Fig. 1 (Abb. 23) in der PASCALschen Abhandlung in drucktechnisch verbesserter Form nachstehend wiedergeben.

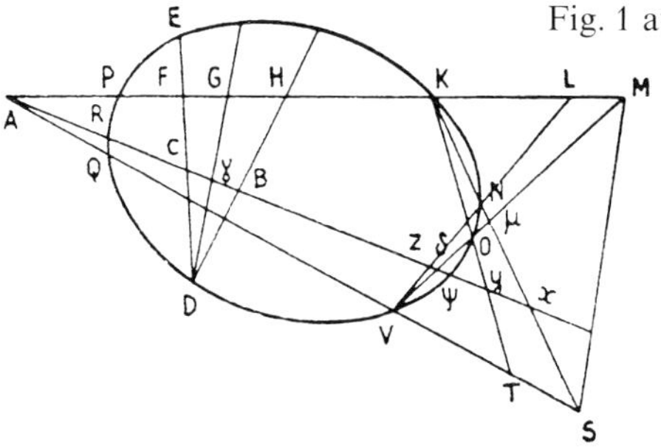

Abb. 23
Fig. 1 aus dem *Essay* von PASCAL.

Zwecks Formulierung des vierten Satzes benötigen wir den untenstehenden Ausschnitt aus obiger Abb. 23 (Abb. 24):
Es handelt es sich hier (was von PASCAL auch bezeugt wurde) um den von uns bereits erwähnten Kegelschnittsatz von DESARGUES (Abb. 20), angewandt auf das vollständige Viereck *KNOV.* Neben dem Gegenseitenpaar (*KN*, *VO*) wird hier noch das Paar (*VN*, *OK*) betrachtet. Die Transversale *RX* schneidet den Kegelschnitt in *R* und ψ, sowie die genannten Gegenseitenpaare in *X* und δ, resp. *Z* und *Y.*

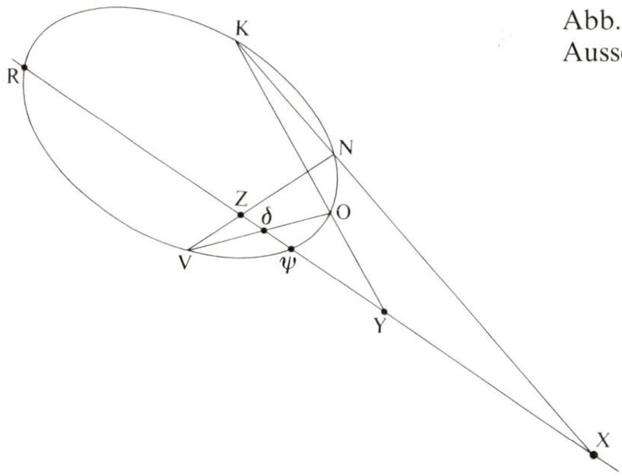

Abb. 24
Ausschnitt aus Abb. 23.

Die Punktepaare $R\psi$, $X\delta$ und ZY gehören dann wieder einer Involution an, und es gilt

$$(R\psi XY) = (\psi R\delta Z) \quad \text{oder}$$

$$\frac{R\delta \cdot RX}{RZ \cdot RY} = \frac{\psi\delta \cdot \psi X}{\psi Z \cdot \psi Y}. \tag{1}$$

(Bei Pascal findet man eine falsche Proportion (wohl als Folge einer zufälligen Verwechslung). Man vergleiche den diesbezüglichen Kommentar von Taton in [1, p. 62].)

Im Rahmen der Präsentation des obengenannten Satzes ist Pascals Huldigung an Desargues zu erwähnen, den er als «einen der großen Geister seiner Zeit» («un des grands esprits de ce temps») bezeichnet. Er nennt – wie schon einmal angezeigt – den erwähnten Satz «une propriété merveilleuse» und fügt hinzu:

> «Je veux bien avouer que je dois le peu que j'ai trouvé sur cette manière à ses écrits.»
>
> [«Ich will gerne zugeben, daß ich das wenige, das ich von dieser Sache weiß, seinen Schriften zu verdanken habe.»]

Ein absoluter Höhepunkt im Pascalschen Schaffen, was die projektive Geometrie betrifft, ist der heute nach ihm benannte *Kegelschnittsatz*:

Satz von Pascal

Beschreibt man einem Kegelschnitt (z. B. einer Ellipse) ein beliebiges Sechseck 1 2 3 4 5 6 ein, so liegen die Schnittpunkte gegenüberliegender Seiten (1 2–4 5, 2 3–5 6, 3 4–6 1) auf ein und derselben Geraden, der sog. Pascalschen Geraden *p*.

Wie aus Abb. 12 hervorgeht, entstehen zwei sich schneidende Geraden, falls die Schnittebene durch die Kegelspitze Z geht. Für diesen sogenannten ausgearteten Kegelschnitt erhalten wir dann, wie bereits schon erwähnt, den Satz von PAPPOS (Abb. 15).

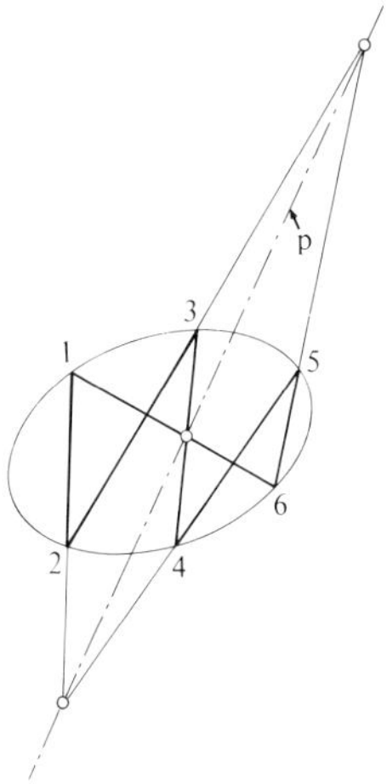

Abb. 25
Zum «mystischen Hexagramm».

Abb. 25 zeigt, daß der Satz für das «mystische Hexagramm» (*hexagramma mysticum*[34]) nicht an die Konvexität gebunden ist.

Wir gehen nun der Frage nach, wie PASCAL in seinem *Essay* den nach ihm benannten Kegelschnittsatz formuliert hat. Vorerst wird er als *Lemma 1* für den Sonderfall des Kreises ausgesprochen und dann im *Lemma 3* für einen allgemeinen Kegelschnitt.

Um der PASCALschen Idee folgen zu können, ist es nützlich, die Abb. 23 zu vereinfachen und zu ergänzen. Es resultiert dann die nachstehende Abb. 26, welche nur noch die Ellipse mit dem einbeschriebenen Sechseck $PKNOVQ$ zeigt. PASCAL selber spricht nicht explizite von diesem Sechseck, sondern drückt sich wie folgt aus:

> «et je dis que les droites MS, NO, PQ seront de même ordre; cela sera un troisième Lemme.»

> [«und ich behaupte, daß sich die drei Geraden MS, NO und PQ in ein und demselben Punkt T schneiden; und das nenne ich das dritte Lemma.»].

Diese Formulierung ist aber mit der heute üblichen äquivalent: M und S (die Schnittpunkte von je zwei gegenüberliegenden Seiten des Sechsecks) bilden offenbar die PASCALsche Gerade p, und es wird behauptet, daß der Schnittpunkt T (T fehlt in der Fig. 1 des *Essay*) des dritten Paares von gegenüberliegenden Seiten auch auf p liegt.

In diesem Zusammenhang sei auf die Notiz von R. TATON in [1, p. 1379ff.] verwiesen, welche auch einen Kommentar zur Fig. 2

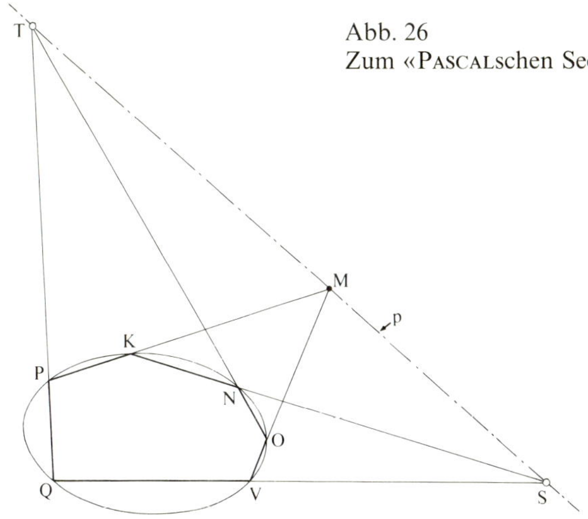

Abb. 26
Zum «PASCALschen Sechseck».

im *Essay* gibt. Man kann zeigen, daß die diesbezüglichen, z.T. schwerverständlichen Ausführungen in formaler Übertragung zur Ellipsengleichung

$$\frac{x^2}{a^2} + \frac{y^2}{b^2} = 1$$

in Hauptachsenlage ausmünden. Im weiteren kündigt PASCAL die Lösung einiger konkreter Probleme an, so u.a. die Konstruktion der Tangenten an einen Kegelschnitt von einem gegebenen Punkt aus oder die Ermittlung konjugierter Durchmesser, die einen vorgeschriebenen Winkel einschließen.

Abschließend äußert sich der Autor des *Essay* – in auffallender Bescheidenheit über seinen Mangel an Selbstvertrauen – die Untersuchungen weiter voranzutreiben. Diese Bemerkung steht in einem gewissen Widerspruch zu einer früher angebrachten: «nous donnerons des Éléments coniques complets».

Für den Mathematik-Historiker steht fest, daß nach dem *Essay* (ein Frühwerk, das noch nicht ausgereift war) im Laufe der Jahre weitere größere Untersuchungen zur Kegelschnitttheorie folgten. Doch leider sind die schriftlichen Quellen darüber recht spärlich. Auch die Genesis des Kegelschnittsatzes vom «mystischen Hexagramm» ist ungeklärt, fehlen doch zu diesem Gegenstand einschlägige Hinweise. Glücklicherweise stehen uns jedoch *zwei* Dokumente zur Verfügung, aus denen hervorgeht, in welchem Ausmaß sich PASCAL nach 1640 mit projektiver Geometrie und verwandten Gebieten auseinandergesetzt hat:

Als **erstes** Dokument betrachten wir die bereits in der Biographie (Kapitel 1, p. 22) erwähnte (lateinisch verfaßte)

Adresse à l'Académie Parisienne de Science [sic].

In diesem, 1654 publizierten, programmatischen Schreiben (eine französische Übersetzung findet man in [1, p. 1402–1404]) kündigt PASCAL u.a. Arbeiten zu folgenden Themen an:

a) *Les contacts circulaires et les contacts sphériques*
[Berührungsprobleme für Kreise und Kugelflächen]

Solche Fragen gehen auf APOLLONIOS zurück und wurden später u.a. auch von FRANÇOIS VIÈTE behandelt. Sie betreffen beispielsweise die Suche nach einem Kreis, der durch den Punkt P geht und sowohl die Gerade g als auch den Kreis k berührt (Abb. 27).

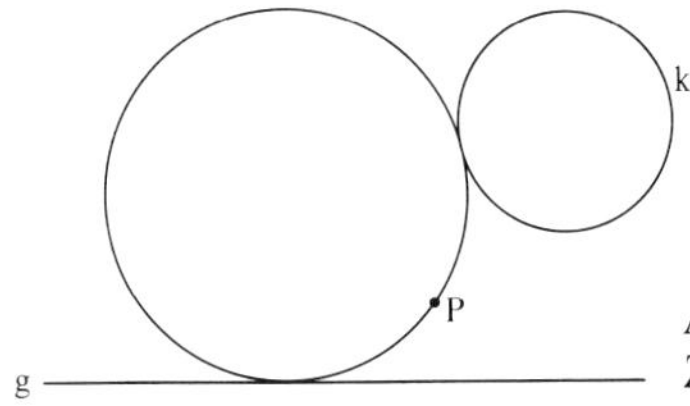

Abb. 27
Zu einem Kreissatz von APOLLONIOS.

b) *Les lieux plans et les lieux solides*
[Die Kreise inkl. Geraden und die Kegelschnitte]

Diese Untersuchungen dürften um 1648 entstanden sein, wie aus einem Brief von MERSENNE hervorgeht, den er gleichen Jahres an HUYGENS gerichtet hatte [4, p. 46]. Neben den unter a) und b) angeführten Themen ist noch die Bestimmung eines Kegelschnitts aus fünf Elementen (Punkten oder Tangenten) zu erwähnen. Es scheint, daß PASCAL aufgrund des mystischen Hexagramms eine einheitliche, projektive Kegelschnittheorie entwickeln konnte. Diese Vermutung wird durch eine Bemerkung von MERSENNE erhärtet, der 1644 versicherte, daß PASCAL aus seinem, nach ihm benannten Kegelschnittsatz über 400 Folgerungen ziehen konnte, die das Ausmaß der *Conica* von APOLLONIOS erreichten.

Das **zweite** Dokument, das uns von einer breitangelegten Studie über Kegelschnitte berichtet, ist ein Brief, den LEIBNIZ am 30. August 1676 ÉTIENNE PÉRIER, dem Schwager von PASCAL, zukommen ließ. Dieses Schreiben ist dem Inhalt des *Traité des Coniques* (im folgenden kurz *Traité* genannt) gewidmet, der als *Conicorum opus completum* bereits in der «*Adresse*» angekündigt wird.

Nach dem Tode von PASCAL, im Jahre 1662, bekundeten die Erben wenig Interesse, das wissenschaftliche Werk des Verstorbenen zu veröffentlichen. 1673 orientierte H. OLDENBURG, Sekretär der *Royal Society* in London, den Polyhistor G. W. LEIBNIZ über die Existenz eines Manuskripts des *Traité des Coniques*. LEIBNIZ hat von diesem Text eine Kopie aufbewahrt, welche C. I. GERHARDT unter den LEIBNIZschen Handschriften rund hundert Jahre später in Hannover gefunden hat. Leider ist nur der erste Teil des *Traité* mit dem Titel *Generatio conisectionum* [Erzeugung von Kegelschnitten] erhalten geblieben.

Über den Inhalt des ganzen, in sechs Teile eingeteilten Werkes, berichtet LEIBNIZ summarisch im obenerwähnten Brief an PÉRIER. Den Ausführungen ist zu entnehmen, daß hier eine ausgereifte, projektiv orientierte Theorie der Kegelschnitte vorliegt, die sich maßgeblich auf die Eigenschaften des mystischen Hexagramms abstützt.

In [4, p. 32ff.] wird die LEIBNIZsche Briefstudie von R. TATON und J. MESNARD ausführlich analysiert. Aus dem Wortlaut des Briefes möchten wir zwei Stellen herausgreifen. Gleich zu Anfang lobt LEIBNIZ den Autor des Werkes und bezeichnet ihn als «l'un des meilleurs esprits du siècle» [einen der größten Geister des Jahrhunderts]. Auch gegen den Schluß des Briefes finden wir einen Passus, aus dem die große Wertschätzung abzulesen ist, die LEIBNIZ der PASCALschen Abhandlung entgegenbringt. Wörtlich schreibt er:

> «Je conclus que cet ouvrage est en état d'être imprimé et il ne faut pas demander s'il le mérite ...»
>
> [«Ich komme zum Schluß, daß dieses Werk druckreif vorliegt, und es ist keine Frage, daß es dies auch verdient ...»].

LEIBNIZ drängte auf eine rasche Veröffentlichung, denn er befürchtete andernfalls einen Verlust an Aktualität. In der Tat hatte DE LA HIRE bereits 1672 ein erstes Werk über Kegelschnitte veröffentlicht, welchem 1685 die lateinische Ausgabe in neun Büchern folgte, deren achtes NEWTON bei der Abfassung des vierten Abschnittes des ersten Buches seiner *Principia mathematica* so nachhaltig beeinflußt hat.

Welches sind nun die historisch gesicherten Verdienste PASCALS um die projektive Geometrie? Zusammenfassend läßt sich festhalten, daß PASCAL in einer Zeit, in der *analytische Methoden* in der Geometrie im Entstehen begriffen waren, der *synthetischen Geometrie*[35] große Impulse verliehen hat. Aufbauend auf APOLLONIOS und PAPPOS hat er die Pionierleistung eines DESARGUES weiter ausgebaut und so eine allgemeine Kegelschnittlehre projektiver Richtung entwickelt. Im Mittelpunkt seiner Methode stand der nach ihm benannte Kegelschnittsatz (mystisches Hexagramm), der Schlüssel zur Bewältigung mannigfacher Probleme. Die Arbeiten von DESARGUES und PASCAL stießen auf wenig Echo. Im Gegenteil, die *analytischen* Ansätze von DESCARTES (*La Géométrie*, 1637)[36] und die *Koordinatengeometrie* von FERMAT (*Ad locos planos et solidos Isagoge*, 1636)[37] setzten sich endgültig durch.

Erst im 19. Jahrhundert gelangte die projektive Geometrie, vor allem durch VICTOR PONCELET und seine Nachfolger, zu voller Blüte. Unter diesen ist der Schweizer Mathematiker JAKOB STEINER besonders zu nennen, der in Deutschland die synthetische Geometrie neubegründet hat. STEINER wurde übrigens vom bekannten Schweizer Pädagogen HEINRICH PESTALOZZI in die Grundelemente der Geometrie eingeführt.

Heute, im ausgehenden 20. Jahrhundert, ist dieser faszinierende Zweig der geometrischen Forschung nahezu in Vergessenheit geraten. Dieser Umstand belegt einmal mehr die Tatsache, daß auch die Mathematik Modeströmungen unterworfen ist.

Wie wir bereits in diesem Kapitel durchblicken ließen, ist PASCAL in zwei weiteren Bereichen der Geometrie aktiv geworden. In einem ersten geht es um die *methodologisch* orientierte Studie, die auch zu Grenzfragen zwischen Wissenschaft und Religion führt. Sie trägt den Titel:

> «De l'esprit géométrique et de l'art de persuader.»
>
> [«Von der mathematischen Methode und der Kunst zu überzeugen.»]

Die vermutlich um 1658 entstandene Abhandlung wird uns noch eingehend in den Kapiteln 7 und 9 beschäftigen.

Es ist bekannt, daß der große Denker und Forscher BLAISE PASCAL auch *didaktischen* und *pädagogischen* Fragen zugeneigt war. Er wußte um die Bedeutung einer guten Ausbildung, die er im Hause seines Vaters genießen durfte. Als Früchte seiner Anstrengungen in dieser Richtung entstand (vermutlich auch um 1658) ein Leitfaden zur Elementargeometrie, der für die Zöglinge von Port-Royal bestimmt war. Das Original-Manuskript PASCALS ist verloren. Es wurde von ARNAULD überarbeitet und 1667 unter dem Titel *Nouveaux éléments de Géométrie* publiziert. In [1, p. 602–604] ist ein Auszug aus der Einführung in obiges Werk abgedruckt. Der Inhalt ist elementar, unübersichtlich dargestellt und für den heutigen Leser kaum mehr von großem Interesse.

3 Die Erfindung der Rechenmaschine

«Die Rechenmaschine zeigt Wirkungen, die dem Denken näher kommen als alles, was Tiere vollbringen; aber keine, von denen man sagen muß, daß sie Willen habe wie Tiere.»

B. PASCAL, *Pensées* [62, p. 73]

Unsere Zeit ist sichtbar geprägt von der stets wachsenden Bedeutung der Informatik in Wissenschaft, Technik, Wirtschaft und im praktischen Alltag. Dabei gilt es zu bedenken, daß eine über mehrere Jahrhunderte sich erstreckende Entwicklung zum heutigen Wissensstand geführt hat. Die Bewältigung einfacher Operationen mit Zahlen, das sogenannte Rechnen, bildete seit eh und je ein primäres Anliegen aller Kulturvölker. Einen bedeutenden Fortschritt in diesem Bestreben brachte die Entdeckung des Stellenwertsystems (insbesondere des Zehnersystems), das über die Inder und Araber um 1600 nach Westeuropa gebracht wurde. Das *schriftliche* Rechnen (PASCAL nennt es «calcul à la plume») wurde damit zu einer mehr oder weniger komfortablen Angelegenheit, wenn man sich auf die vier Grundoperationen beschränkte. Besonders für kaufmännische Zwecke wurde seit vielen Jahrhunderten das *Rechenbrett* oder der *Abakus* [38] verwendet. Eine besondere Art solcher Rechenmittel findet man heute noch in der Sowjetunion und anderswo. PASCAL spricht in diesem Zusammenhang vom «calcul aux jetons».

Die Entdeckung der *Logarithmen* durch BÜRGI, NAPIER und BRIGGS am Anfang des 17. Jahrhunderts gestattete alsdann die Durchführung komplexer Rechenvorgänge (z.B. eine n-te Wurzel), wie sie insbesondere in der Astronomie notwendig wurden. In eine ganz andere Richtung weist eine Methode, die im wesentlichen auf BLAISE PASCAL zurückgeht. Seinem Vater, ÉTIENNE PASCAL, wurde 1639 die Reorganisation des Finanz- und Steuerwesens in der Basse-Normandie anvertraut. Der kaum 16-jährige BLAISE kam nun auf den Gedanken, mittels einer *mechanischen Rechenhilfe* seinen Vater bei den mühsamen und aufwendigen Steuerkalkulationen zu entlasten. Diese Tatsache manifestiert eindrücklich die Universalität im mathematischen Denken von PASCAL. Neben rein abstrakten Gegenständen (z.B. projektive Geometrie, arithmetisches Dreieck) wandte er sich immer wieder der Lösung praxisnaher Probleme des Alltags zu.

Mit der bahnbrechenden Idee, eine Rechenmaschine zu konstruieren, welche die Technik des Stellenwertrechnens mechanisch und automatisch nachvollzieht, setzte Pascal den Grundstein zu einer vorerst nur langsam, dann umso rascher einsetzenden Weiterentwicklung mechanischer und später elektronischer Rechenautomaten, die heute eine kaum mehr zu überblickende Komplexität erreicht hat.

Pascal kann mit guten Gründen als «Vater der Informatik» bezeichnet werden. Es ist deshalb kein Zufall, wenn eine sehr bedeutsame, von N. Wirth (ETHZ) maßgeblich entwickelte Programmiersprache den Namen PASCAL trägt.

Bevor wir über die näheren Umstände der Pascalschen Erfindung berichten, müssen wir uns wieder einmal der Tatsache bewußt sein, daß in der Geschichte der Erfindungen nicht selten Prioritätsfragen keine endgültige Antwort erlauben. Lange Zeit glaubte man nämlich, daß Pascal als erster (um 1645) eine Rechenmaschine erfunden habe. Spätestens seit 1956 ist bekannt, daß der Tübinger Universitätsprofessor Wilhelm Schickard bereits 1623, also im Geburtsjahr von Pascal, eine Vierspezies-Rechenmaschine konzipiert hatte.

Der Orientalist, Mathematiker und Kartograph Schickard korrespondierte ab 1617 mit Johannes Kepler und anderen europäischen Gelehrten, u.a. mit Gassendi, der auch im Kreise um Mersenne verkehrte. In einem Brief vom 20. September 1623 an Kepler beschreibt Schickard die Funktionsweise seiner Maschine, von der er in einem weiteren Brief eine Skizze beilegt, die in Abb. 28 zu sehen ist. Die für Kepler bestimmte Maschine soll einem Brand

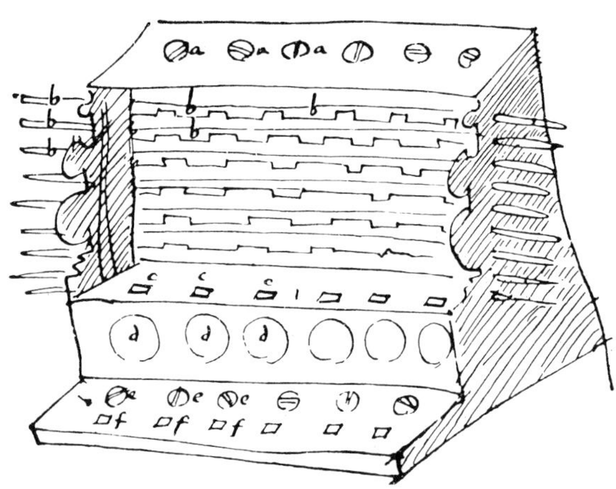

Abb. 28
Skizze der Rechenmaschine von Schickard, «Horloge à calcul» genannt.

zum Opfer gefallen sein. Eine funktionsfähige Rekonstruktion wurde 1957 nachgebaut und ist im Tübinger Rathaus ausgestellt.

Die Meinungen darüber, wer als erster eine Rechenmaschine konstruiert (oder allenfalls nur konzipiert) habe, gehen auseinander. Während F. HAMMER [33] eindeutig den Tübinger Professor als ersten Konstrukteur sehen will, ist R. TATON [4, p. 207ff] eher PASCAL zugeneigt, der immerhin der Nachwelt einige funktionstüchtige Modelle hinterlassen hat (cf. Abb. 29). Im weiteren schließt TATON eine mögliche Beeinflußung PASCALS durch SCHICKARD aus, allerdings unter dem Vorbehalt der Entdeckung neuer historischer Fakten.

Kehren wir nun wieder zurück zu den PASCALschen Plänen, die bereits 1642 zu einem ersten Prototyp einer Rechenmaschine führten, der allerdings noch schwerwiegende Mängel aufwies. Während PASCAL die mathematischen Hintergründe seines Vorhabens ziemlich rasch durchschaute, bereitete ihm die konkrete Realisation aus technologischen Gründen fast unüberwindbare Schwierigkeiten, so daß er sein Vorhaben beinahe aufgeben mußte. Dem Drängen des Kanzlers PIERRE SÉGUIER folgend, nahm PASCAL sein Projekt mit einem Team von Arbeitern wieder auf, überwachte den Produktions-

Abb. 29
Rechenmaschine von PASCAL («Pascaline»), ca. 1652 dem Kanzler SÉGUIER gewidmet.

prozess mit Akribie und konnte als Frucht dieser Anstrengungen 1645 der Öffentlichkeit ein definitives und gebrauchsfähiges Modell vorstellen. In Abb. 29 ist dieses Exemplar der Rechenmaschine dargestellt, das PASCAL SÉGUIER überreicht hat. Es ist im Musée du Conservatoire National des Arts et Métiers (C.N.A.M.) in Paris unter der Nr. 19'600 ausgestellt. Das Modell, eine längliche Kassette (*cistula arithmetica* genannt), ist aus Messing hergestellt und mit Ebenholz verziert. Seine Ausmaße betragen 36,1 × 12,7 × 7,7 cm. Eine ausführliche Beschreibung des Äußeren findet man u.a. in [4, p. 230–232]. Über die Entstehungsgeschichte und den praktischen Gebrauch der PASCALschen Rechenmaschinen sind uns lediglich *zwei* schriftliche Dokumente, die vom Autor selber stammen, überliefert. Es handelt sich vorerst um das *Widmungsschreiben* (*lettre dédicatoire*) an den Kanzler SÉGUIER vom Jahr 1645 mit dem ausführlichen Titel [1, p. 349]:

> «Lettre dédicatoire à monsieur le chancelier
> sur le sujet de la machine nouvellement inventée par le Sieur B.P. pour faire toutes sortes d'opérations d'arithmétique par un mouvement réglé sans plume ni jetons.»

Die von PASCAL erfundene Maschine erlaubt also die automatische Ausführung aller arithmetischen Operationen (gemeint sind die vier Grundoperationen) ohne Hilfe der schriftlichen Rechnung oder eines Rechenbrettes. – Auf der Innenseite des Deckels ist eine einfache Papieretikette angebracht, auf der in lateinischer Sprache die Widmung an den Kanzler zu lesen ist. Nach J. MESNARD ist zumindest die Unterschrift PASCALS authentisch (Abb. 30). Das genannte Widmungsschreiben stellt eine wichtige Informationsquelle dar, die uns über die Umstände und leitenden Ideen des Projekts berichtet. PASCAL verweist u.a. auf die Bedeutung gründlichen Nachdenkens («profonde méditation») über das mathematische Konzept, das der mechanischen Konstruktion zugrunde liegt. Wörtlich meint er:

> «Les lumières de la géométrie, de la physique et de la mécanique m'en fournirent le dessein, et m'assurèrent que l'usage en serait infaillible si quelque ouvrier pouvait former l'instrument dont j'avais imaginé le modèle.»
>
> [«Die Gesetze der Geometrie (Mathematik), Physik und Mechanik verschafften mir die Lösung dieses Projektes und versicherten mir ihre unfehlbare Anwendung, sobald ein Arbeiter imstande wäre, das Instrument zu realisieren, dessen Modell ich entwickelt hatte.»]

Weiter unten formuliert PASCAL in ehrerbietiger, ja fast schmeichelhafter Form, den tiefempfundenen Dank an den Kanzler für das stete

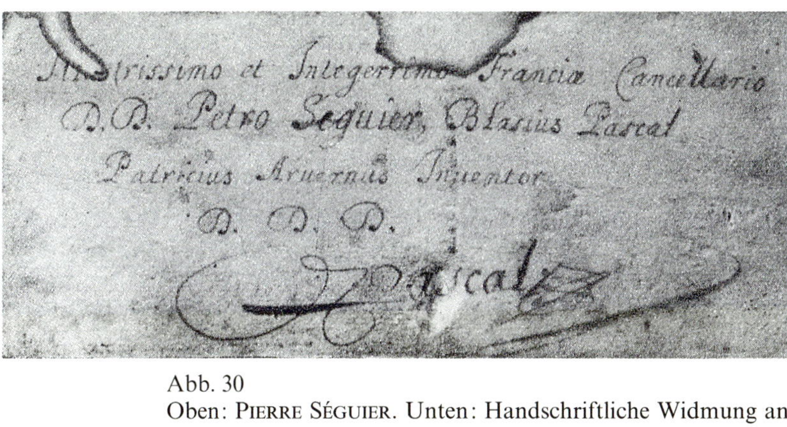

Abb. 30
Oben: PIERRE SÉGUIER. Unten: Handschriftliche Widmung an SÉGUIER.

Interesse und die wohlwollende Unterstützung, die er seinem Projekt entgegengebracht habe:

> «Je ne trouve point de paroles pour faire paraître ma reconnaissance à Votre Grandeur.» [39]

Ein zweites Dokument

> «Avis nécessaire à ceux qui auront curiosité de voir la machine arithmétique, et de s'en servir.» [40]

berichtet wiederum von den Schwierigkeiten im Umgang mit den Arbeitern und Handwerkern, die der Theorie nicht mächtig sind. Im weiteren vernehmen wir, daß PASCAL insgesamt mehr als 50 verschiedene Modelle, z. B. aus Messing, Elfenbein, Ebenholz usw. entwickelt hat.

Am Schluß dieses Schreibens verweist PASCAL den interessierten Leser auf den Mathematikprofessor ROBERVAL vom Collège Royal de France, der an der rue du Foin jeden Tag bis acht Uhr und Samstag nachmittags die Rechenmaschine unentgeltlich vorführe und zum Kaufe anbiete.

Um sich gegen unerlaubte Nachahmungen zu schützen, erwirkte sich PASCAL 1649 ein *königliches Privileg* («privilège royal»), das ihm ein exklusives Monopol auf Fabrikation und Verkauf nicht nur seiner eigenen Erfindung, sondern auch jedes ähnlichen Modells zusicherte [4, p. 216]. Der hohe Verkaufspreis von 100 Pfund (*livres*) oder ca. 3'000 NF (bezogen auf das Jahr 1962) verhinderte einen größeren Absatz der Maschine. Ein Pfund wurde damals in 20 *sots* und ein *sot* in zwölf *deniers* eingeteilt. Aus diesem Grunde sind einige der Rechenmaschinen (z. B. die in Abb. 29 reproduzierte) mit zwei Zusatzrädern für die beiden genannten Geldeinheiten versehen. Bis heute sind rund zehn Exemplare der «Pascaline» (so nannte man damals die PASCALsche Rechenmaschine) bekannt. U. a. befinden sich deren vier im C.N.A.M. in Paris und je eine in Clermont-Ferrand, in Dresden, bei der IBM und in der Sammlung PARCÉ.

Im Juni 1652 richtet PASCAL ein Schreiben an Königin CHRISTINE von Schweden, das er mit folgenden Worten einleitet [1, p. 502 ff]:

> «Madame,
> Si j'avais autant de santé que de zèle, j'irais moi-même présenter à Votre Majesté un ouvrage de plusieurs années ....»

> [«Madame,
> Wenn meine Gesundheit so gut wäre wie mein Eifer, würde ich Ihrer Majestät eigenhändig ein Werk mehrerer Jahre persönlich vorstellen ....»]

Es handelt sich hier offenbar um die Rechenmaschine, die PASCAL der Königin überreichen läßt. Vielleicht erhoffte er sich damit insgeheim, Nachfolger von DESCARTES zu werden, der bis zu seinem Tod im Jahre 1650 mathematischer Berater der Königin war.

Im Brief ist auch die Rede von einer Abhandlung, die er an Monsieur DE BOURDELOT, dem Leibarzt der Königin, gerichtet habe. Hierin sei neben der Geschichte des Werdegangs auch eine Gebrauchsanweisung für die Maschine zu finden. Leider ist dieses Schriftstück verloren gegangen. Somit bleibt uns nur das Widmungsschreiben an den Kanzler, das leider weder eine wirkliche Beschreibung, noch eine Anleitung zum praktischen Gebrauch der Maschine enthält. Aus diesem Grunde sind wir auf Kommentare von Drittpersonen angewiesen.

Die älteste Darstellung stammt von C. BELAIR, also einem Zeitgenossen von PASCAL. Im Anhang eines Briefes, den BELAIR am 4. Juli 1659 an Chr. HUYGENS gerichtet hatte, befindet sich eine ziemlich genaue Beschreibung der äußeren Form sowie des inneren Mechanismus (cf. [4, p. 220 ff]). HUYGENS hat sich nämlich für einige Zeit ein Exemplar der «Pascaline» ausleihen lassen, scheint aber auch Mühe gehabt zu haben, den komplexen Mechanismus vollständig zu durchschauen.

Als weiteres Dokument erwähnen wir den Beitrag des illustren Schriftstellers, Physikers und Enzyklopädisten DENIS DIDEROT, der gemeinsam mit D'ALEMBERT die große französische Enzyklopädie des 18. Jahrhunderts geschaffen hat. Der Mathematik sind in der hier benützten Ausgabe [34] drei Bände gewidmet. Im ersten Band findet sich unter dem Stichwort *Arithmétique* (*machine*) eine ausführliche Beschreibung der Funktionsweise der Rechenmaschine, und im

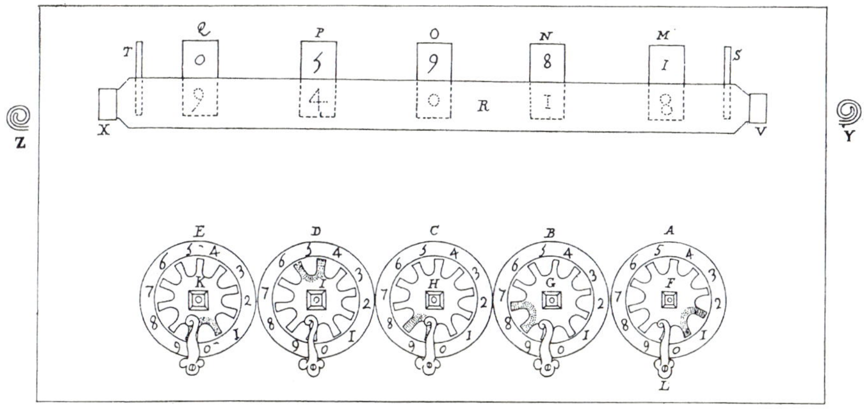

Abb. 31
Sicht (schematisiert) auf den Deckel der Rechenmaschine.

Band III eine Abbildung von Einzelheiten, die den sog. *Übertrag* (report) betreffen (cf. [34] und Abb. 33). – (Die nachfolgenden Abb. 31 und 32 stammen von BELAIR und Abb. 33 ist ein Teil der Darstellung von DIDEROT im obgenannten Band III der Enzyklopädie.) Der innere Mechanismus beruht – global gesehen – auf einem einfachen Prinzip. Je nach der Anzahl Dezimalstellen (resp. Zehnerpotenzen), in deren Bereich man arbeiten möchte, wird die Apparatur in eine entsprechende Anzahl von *Stufen* (étages) eingeteilt. In Abb. 31 sind fünf solcher Stufen zu erkennen, denen die fixen Räder A bis E mit den entsprechenden, zehnteiligen, beweglichen Rädern F bis K zugeordnet sind. Damit können alle Zahlen von 0 bis $10^5 - 1 = 99999$ erfaßt werden.

In nachstehender Abb. 32, welche das Innere der Maschine im Seitenriß darstellt, erkennt man den sog. *Schreiber* (inscripteur) F.

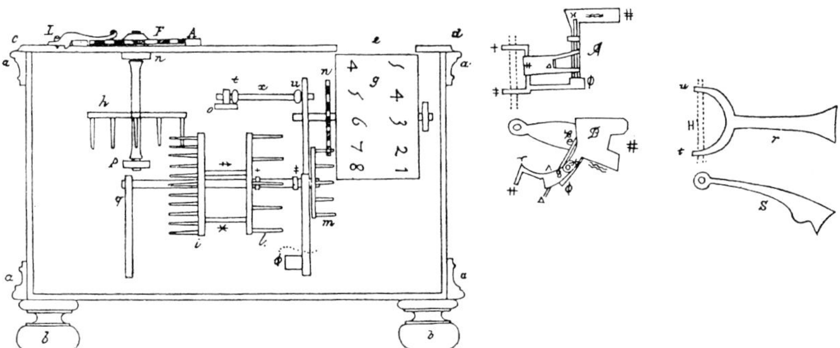

Abb. 32
Sicht (schematisiert) in das Innere der Rechenmaschine.

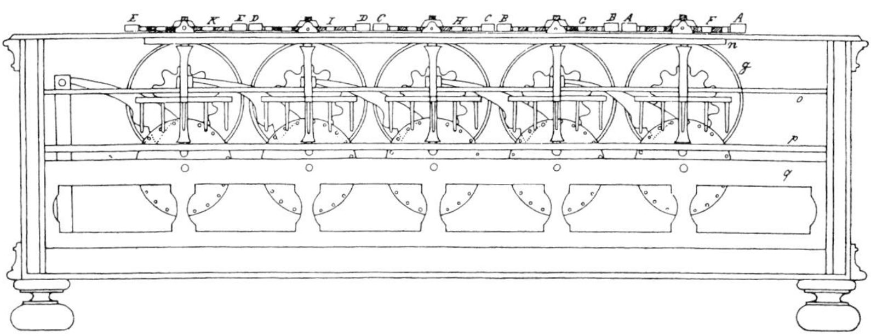

Wird der Schreiber F um eine Anzahl von Positionen gedreht, so wird diese Drehung über ein System von Pseudo-Zahnrädern h, i, l, m und n auf den Zylinder g übertragen (Abb. 32). Die Mantelfläche dieses Zylinders ist in zehn gleiche Teile eingeteilt und doppelt beschriftet: von 0, 1 ... bis 9 für die Addition und komplementär 9, 8 ...

bis 0 für die Subtraktion. Diese Zahlen erscheinen in einer Luke oder in einem Fenster, z. B. *M* (Abb. 31), resp. *e* (Abb. 32). – Um beispielsweise die Summe 3 + 5 zu bestimmen, setzt man die ganze Apparatur auf Null und bringt den Schreiber *F* in die Position 3, worauf im Fenster *M* die Zahl 3 erscheint. Dreht man alsdann *F* um 5 weitere

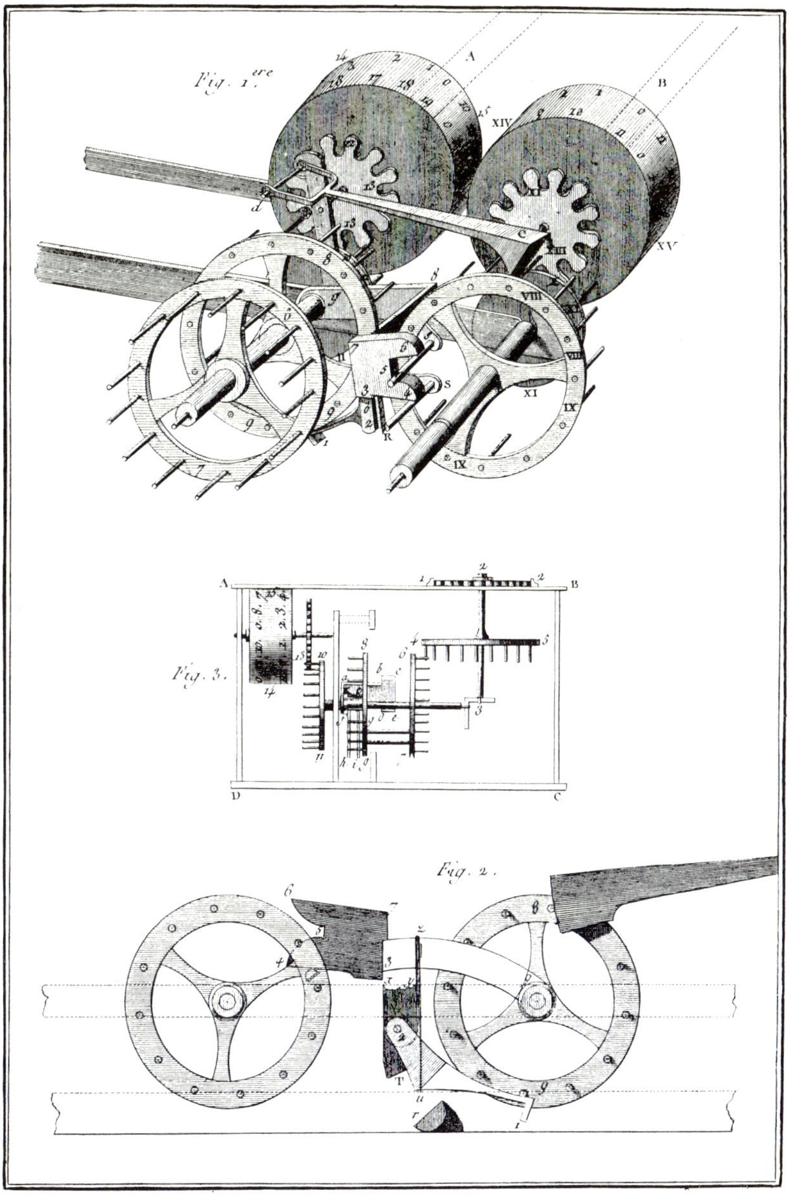

Abb. 33
Mechanik des Übertrags aus der *Encyclopédie* von DIDEROT.

Positionen, so erscheint im Fenster M als Resultat dieser *mechanischen Addition* die Summe 8.

Allgemein klappt dieser Vorgang für beliebige fünfstellige Zahlen, sofern nie ein sog. *Übertrag* (report) auf die nächst höhere Zehnerpotenz notwendig wird. In einem solchen Fall jedoch bereitet die mechanische Addition heikle Probleme, sind doch benachbarte Stufen (A und B in Abb. 33) durch eine Vorrichtung zu verbinden, welche die höhere Stufe um *eine* Position dreht, sobald die niedrigere Stufe von Position 9 auf 0 übergeht. Dieses Kernproblem machte PASCAL zu schaffen; er löste es mittels eines Übertragungsmechanismus, der den Einfluß der Schwerkraft ausnützt und folglich nur funktioniert, wenn sich die Maschine in horizontaler Lage befindet. Für eine eingehende Beschreibung sei auf [4] verwiesen.

Für die *Subtraktion* hat sich PASCAL die sog. *Komplementärmethode* ausgedacht, die dank der bereits erwähnten, doppelten Beschriftung des Zylindermantels die Subtraktion auf eine Addition reduziert. Ein Beispiel möge das Vorgehen beschreiben:

Gesucht sei 3425 – 1847 (= 1578). Wir addieren nun zum Komplement des Minuenden 6574 den Subtrahenden 1847 und erhalten 8421, d.h. das Komplement der gesuchten Differenz 1578. Es gilt ja allgemein:

$$a - b = C\ [C(a) + b]$$

mit $C(a)$ als Komplement der Zahl a. Die Multiplikation kann mit der «Pascaline» nur *indirekt* (und damit recht umständlich) bewältigt werden, indem dieselbe auf eine Folge von sukzessiven Additionen zurückgeführt wird.

Im Jahre 1674, also rund 30 Jahre nach PASCAL, hat ein anderes Universalgenie, G.W. LEIBNIZ, eine Rechenmaschine erfunden. Sie beruht auf einem ganz neuen Prinzip, der sog. *Staffelwalze*, und gestattet die *direkte* Durchführung aller vier Grundoperationen. Ein Original der LEIBNIZschen Rechenmaschine ist in den Archiven von Hannover aufbewahrt.

Die Historiker nehmen an, daß LEIBNIZ weder von den Plänen SCHICKARDS, noch von jenen PASCALS wußte, obwohl er längere Zeit (1672–1676) in Paris weilte. Die LEIBNIZsche Konzeption wurde wegleitend für viele Folgemodelle bis in unsere Zeit. In der Mitte des 17. Jahrhunderts war die Zeit reif für die Erfindung der ersten mechanischen Rechenmaschine. Seither konnte die Technik solcher Modelle kontinuierlich verbessert werden. Im Laufe der industriellen Revolution des 19. Jahrhunderts wurden die Grundlagen für die ersten Großrechner geschaffen. So haben u.a. CHARLES BABBAGE und GEORGE BOOLE Pionierleistungen vollbracht, die die Rechentechnik sowohl grundsätzlich als auch materiell verbessert haben.

Die leistungsfähigen Großcomputer beruhen intern auf dem Dualsystem, das auf LEIBNIZ zurückgeht. Bei ihm spielte die *Dyadik* auch eine philosophisch-erkenntnistheoretische Rolle. In unserer Zeit haben u.a. K. ZUSE und vor allem J. v. NEUMANN und in der Schweiz H. RUTISHAUSER, A. SPEISER, E. STIEFEL und N. WIRTH die moderne Computertechnik entscheidend gefördert. Das 20. Jahrhundert wird als Jahrhundert der Informatik in die Geschichte eingehen. PASCAL hat vor über 300 Jahren den Grundstein dazu gelegt.

4 Das arithmetische Dreieck

Es gibt Gegenstände oder Begriffe in der Mathematik, die zum alltäglichen Werkzeug gehören. Hierzu darf man auch das *arithmetische Dreieck* (Triangle arithmétique) zählen, welches man heute mit PASCALS Namen verbindet. Bevor wir auf die Verdienste PASCALS um dieses spezielle Zahlendreieck näher eingehen, seien einige Bemerkungen zur *Vorgeschichte* eingestreut.

Das arithmetische Dreieck war als solches schon Jahrhunderte vor PASCAL bekannt. Wir finden es u.a. beim Inder HALÂYUDHA im 10. Jahrhundert, beim Chinesen CHU SHI-KIE im Jahre 1303 und im 14. Jh. beim Araber AL-KĀSHĪ (auch AL-KĀSHĀNĪ). In Abb. 34 ist die «APIANische» Version dargestellt.

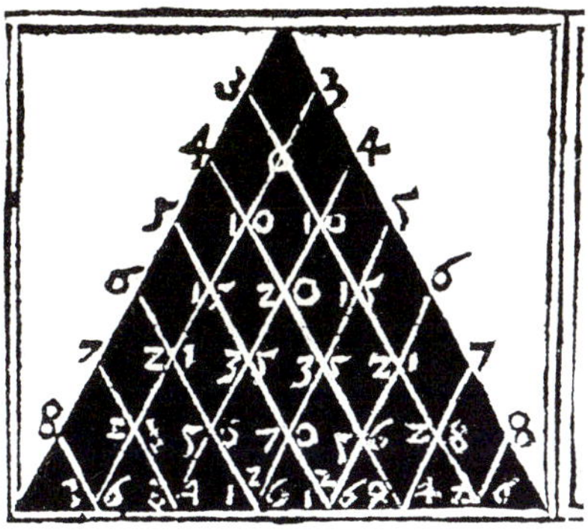

Abb. 34
Das «arithmetische Dreieck» (1527 gedruckt) nach PETRUS APIANUS[41]

In der 1543 erschienenen *Arithmetica integra* des deutschen Rechenmeisters und sog. Cossisten[42] MICHAEL STIFEL findet sich bereits das Bildungsgesetz für dieses Zahlendreieck, das er zur Wurzelziehung gebrauchte. Ebenfalls noch im 16. Jahrhundert erschien es bei den bedeutenden italienischen Mathematikern G. CARDANO und N. TARTAGLIA, hier im *General Trattato* vom Jahr 1556. Im 17. Jahrhundert beschäftigte sich der vielseitig begabte flandrische Kaufmann, Kriegsingenieur und Pionier der Hydraulik SIMON STEVIN mit dem arithmetischen Dreieck («L'arithmétique», 1625). Auch der illustre Pater MERSENNE fand im Rahmen der Kombinatorik Interesse am genannten Gegenstand, so u.a. in seiner Schrift *La vérité des Sciences*, die 1625 erschienen ist. Nachweisbar einen direkten Einfluß auf PASCAL in dieser Sache hatte PIERRE HÉRIGONE. In seinem sechsteiligen Werk *Cursus mathematicus* von 1634–1642 verwendete er das arithmetische Dreieck für das Potenzieren eines Binoms.

PASCALS Beiträge zur Theorie des arithmetischen Dreiecks

Die Abhandlungen, die sich direkt oder indirekt auf das arithmetische Dreieck beziehen, sind vermutlich gegen Ende des Jahres 1654 entstanden. Die Publikation erfolgte allerdings erst nach dem Tode PASCALS bei G. DESPREZ in Paris. Der Generaltitel einer Serie von Abhandlungen lautet:

> «Traité du Triangle arithmétique, avec quelques autres petits traités sur la même matière.»
>
> [«Abhandlung über das arithmetische Dreieck mit einigen kleinen Schriften zum selben Thema»] [1, p. 97ff].

Unter den Schriften «zum selben Thema» sei jene hervorgehoben, die sich mit der Summation der Potenzen der n ersten natürlichen Zahlen beschäftigt ($1^p + 2^p + \ldots + n^p$; $p \in \mathbb{N}$). Wir werden uns damit im Kapitel 6 im Rahmen der Integration der Funktion x^p auseinandersetzen. Die Untersuchungen PASCALS können grob gesehen in zwei Klassen eingeteilt werden. In einem mehr theoretischen Teil geht es um die *Struktureigenschaften* des arithmetischen Dreiecks, wobei ein fundamentales mathematisches Beweisverfahren im Mittelpunkt steht; in einem zweiten Teil kommen diverse *Anwendungen* zur Sprache, nämlich neben der bereits angesprochenen Potenzsummation

a) die «figurierten Zahlen» (ordres numériques),
b) die Kombinatorik,
c) das Potenzieren eines Binoms (binomischer Lehrsatz),
d) das Teilungsproblem (problème des partis) im Bereich der Glücksspiele.

Wir wenden uns jetzt dem theoretischen Teil zu, der mit einer Serie von Definitionen eingeleitet wird.

Struktur und Eigenschaften des arithmetischen Dreiecks
Die vollständige Induktion (Induction mathématique)

In Abb. 35 ist das arithmetische Dreieck in der von PASCAL verwendeten Anordnung dargestellt. Auffallend ist, daß die Zahlen resp. die Bezeichnung ihrer Position durch lateinische oder griechische Buch-

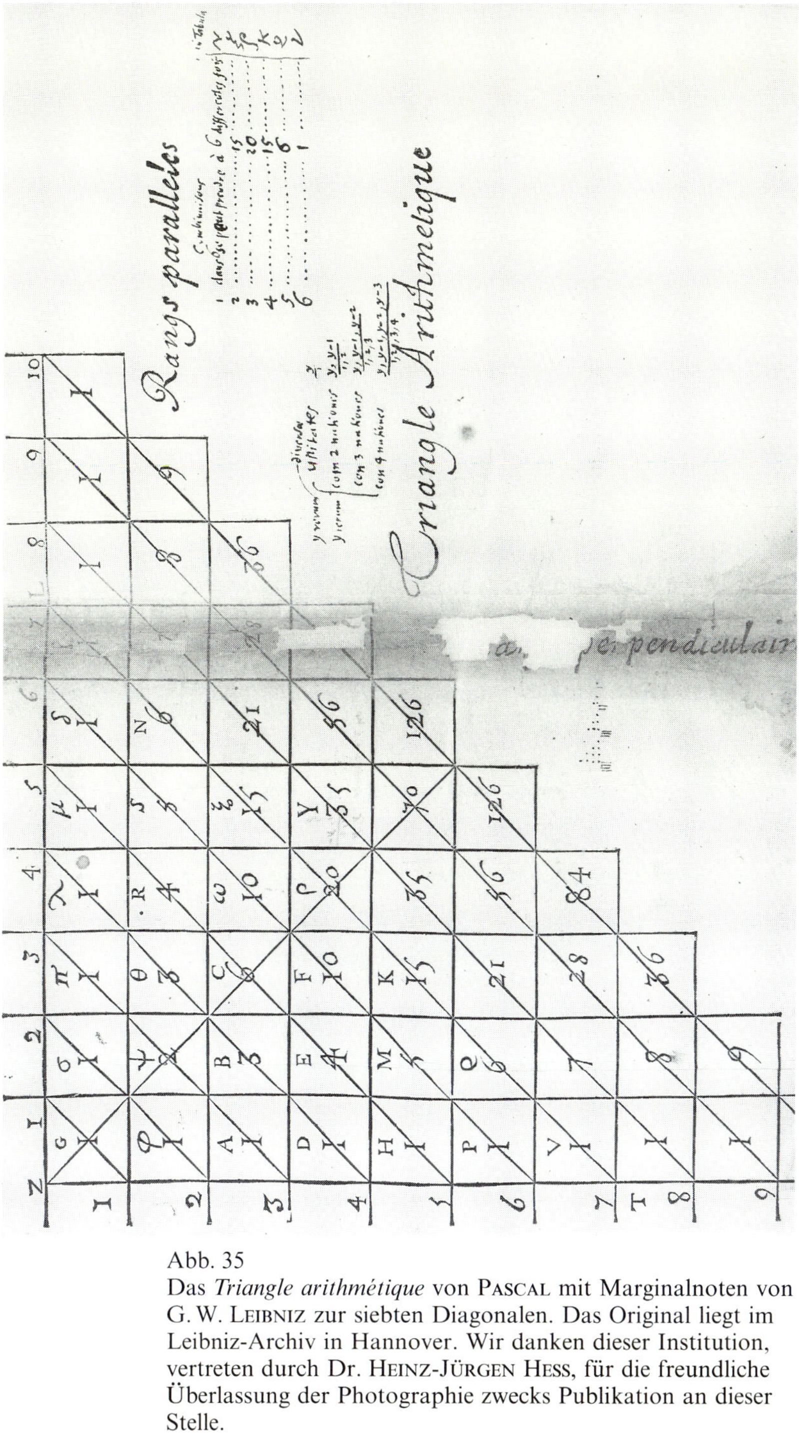

Abb. 35
Das *Triangle arithmétique* von PASCAL mit Marginalnoten von G. W. LEIBNIZ zur siebten Diagonalen. Das Original liegt im Leibniz-Archiv in Hannover. Wir danken dieser Institution, vertreten durch Dr. HEINZ-JÜRGEN HESS, für die freundliche Überlassung der Photographie zwecks Publikation an dieser Stelle.

staben erfolgt. Das Fehlen der heute geläufigen, indizierten Schreibweise erschwert das Verständnis für die allgemeinen Zusammenhänge. Aus Abb. 35 lesen wir ab, daß PASCAL zwischen *Zeilen* (rangs parallèles), z.B. $A\ B\ C\ldots$, und *Kolonnen* (rangs perpendiculaires), z.B. $\pi\ \theta\ C\ F\ K\ldots$ unterscheidet. Die *Diagonalen* $1-1$, $2-2$, $3-3, \ldots$ werden als *Basen* bezeichnet, z.B. $D\ B\ \theta\ \lambda$. Am Schluß des einführenden Abschnitts formuliert PASCAL das *Bildungsgesetz* für die Zahlen (PASCAL nennt sie auch «cellules» (Zellen)) des arithmetischen Dreiecks.

Def. 1

«Le nombre de chaque cellule est égal à celui de la cellule qui la précède dans son rang perpendiculaire, plus à celui de la cellule qui la précède dans son rang parallèle. Ainsi la cellule F, c'est-à-dire le nombre de la cellule F, est égale a la cellule C, plus la cellule E, et ainsi des autres.»

$$F = C + E\,.$$

Charakteristisch ist die rein verbale Art und Weise, mit der die obige Definition präsentiert wird. In freier deutscher Übersetzung lautet der erste Teil dieser Definition wie folgt (Abb. 35):

Die Zahl in jeder Zelle ist gleich der Summe aus der Zahl, die unmittelbar über ihr steht und der Zahl, die unmittelbar links von ihr steht.

Es folgt nun noch die formale Übertragung mit Hilfe der heute gebräuchlichen, doppelten Indizierung:

Sei i die Nummer der Zeile und j die Nummer der Kolonne ($i, j = 1, 2, 3, \ldots$) und $a(i,j)$ die Zahl in der «Zelle» (i,j). Das *Bildungsgesetz* nach *Def. 1* lautet dann:

$$(1) \qquad a(i,j) = a(i-1,j) + a(i,j-1)$$

mit den Randbedingungen

$$a(i,1) = a(1,j) = 1 \qquad \text{für alle } i,j = 1,2,\ldots\,.$$

In den nachstehenden Abb. 36 und 37 ist das arithmetische Dreieck in moderner Darstellung abgebildet.

$$\begin{array}{ccccccccc} &&&&1&&&& \\ &&&1&&1&&& \\ &&1&&2&&1&& \\ &1&&3&&3&&1& \\ 1&&4&&6&&4&&1 \end{array}$$

Abb. 36

$$\begin{array}{ccccccccc} &&&&\binom{0}{0}&&&& \\ &&&\binom{1}{0}&&\binom{1}{1}&&& \\ &&\binom{2}{0}&&\binom{2}{1}&&\binom{2}{2}&& \\ &\binom{3}{0}&&\binom{3}{1}&&\binom{3}{2}&&\binom{3}{3}& \\ \binom{4}{0}&&\binom{4}{1}&&\binom{4}{2}&&\binom{4}{3}&&\binom{4}{4} \end{array}$$

Abb. 37

In Abb. 37 ist die Natur der $a(i,j)$ als *Binomialkoeffizienten* zu erkennen, und es gilt:

(2) $$a(i,j) = \binom{i+j-2}{i-1} = \binom{i+j-2}{j-1}.$$

Beispiel:

$$i = 2,\ j = 4; \qquad a(2,4) = \binom{4}{1} = \binom{4}{3} = \frac{4 \cdot 3 \cdot 2}{1 \cdot 2 \cdot 3} = 4.$$

In der modernen Symbolik der Binomialkoeffizienten lautet das Bildungsgesetz (1) wie folgt:

(1a) $$\binom{n}{k} = \binom{n-1}{k-1} + \binom{n-1}{k}.$$

PASCAL leitet jetzt aus dem Bildungsgesetz (1), resp. der *Def. 1* eine Reihe von Sätzen ab, die er «Conséquences» (Folgerungen) nennt, aus denen wir zwei herausgreifen. Diese erscheinen uns als repräsentativ für die Methode PASCALS.

Satz 1:

> In jedem arithmetischen Dreieck ist jede Zelle (Zahl) gleich der Summe aller Zahlen der vorhergehenden Zeile, von der betreffenden Kolonne bis und mit zur ersten Kolonne.

Der französische Urtext lautet [1, p. 99, Conséquence seconde]:

> «En tout Triangle arithmétique, chaque cellule est égale à la somme de toutes celles du rang parallèle précédent, comprises depuis son rang perpendiculaire jusqu'au premier inclusivement.»

Zum Beweis wählt PASCAL stellvertretend für irgend eine Zelle die Zahl ω, von der im *Satz 1* behauptet wird, daß

(3) $$\omega = R + \theta + \psi + \varphi$$

gilt. Dies sei klar, meint PASCAL, denn die Zahlen auf der rechten Seite der Behauptung (3) könnten gemäß des Bildungsgesetzes sukzessive ersetzt werden. In der Tat folgt nach *Def. 1* und Abb. 35

$$\omega = R + \overbrace{C}^{}\\ \qquad \overbrace{\theta + B} \\ \qquad\quad \overbrace{\psi + A} \\ \qquad\qquad \overbrace{\varphi}\ ,$$

denn A und φ sind nach Voraussetzung gleich.

Unter Verwendung der indizierten Schreibweise lautet *Satz 1*:

$$(4) \qquad a(i, j) = \sum_{k=1}^{j} a(i-1, k)$$

und nach Abb. 37

$$(5) \qquad \binom{n}{k} = \binom{n-1}{k} + \binom{n-2}{k-1} + \ldots + \binom{n-k-1}{0},$$

zum Beispiel:

$$\binom{4}{2} = \binom{3}{2} + \binom{2}{1} + \binom{1}{0}.$$

Der von PASCAL überlieferte Beweis von *Satz 1* ist aus heutiger Sicht selbstverständlich nicht allgemein. Die Durchführung erfolgte ja an der speziellen Zahl $\omega = a(3, 4)$, die PASCAL offensichtlich als stellvertretend für irgend eine Zahl aus dem arithmetischen Dreieck interpretiert hat.

Generell ist hier zu vermerken, daß im 17. Jahrhundert in Ermangelung einer adäquaten und effizienten Symbolik (der bereits erwähnten Index-Notation) «allgemeine Beweise» nur schwer zu bewältigen waren. Aus diesem Grunde beschränkte man sich oft auf die «gewöhnliche Induktion», indem man eine allgemeine Aussage E_n (für jede natürliche Zahl n gilt die Eigenschaft E_n) für einige bestimmte Werte von n bewies, in der Annahme, sie werde dann immer gelten.

Der Leser wird gemerkt haben, daß wir mit unserer Diskussion in das Umfeld des *Prinzips der vollständigen Induktion* geraten sind, ein Beweisverfahren, das in der Mathematik von zentraler Bedeutung ist. Der nachfolgende Satz von PASCAL wird zeigen, daß dieser die vollständige Induktion klar und eindeutig zu verwenden wußte.

Die Mathematikhistoriker streiten sich darüber, wer als erster diese Beweismethode entdeckt habe. Einige Autoren, so u.a. VAN DER WAERDEN, verweisen auf erste Beispiele aus der griechischen Antike[43]. Nachdem PASCAL vorübergehend die Priorität zugesprochen wurde, bezeichnete man den Sizilianer FRANCESCO MAUROLICO als ersten Erfinder. Andere Autoren wiederum möchten dem Basler Mathematiker JAKOB BERNOULLI die Ehre zuweisen.

H. FREUDENTHAL hat 1953 in seinem Artikel *Zur Geschichte der vollständigen Induktion* einige Klärung in die Angelegenheit gebracht [29]. U.a. (p. 30) äußert er sich wie folgt:

«Zusammenfaßend kann man sagen, daß auch bei EUKLID einige Beispiele vollständiger Induktion auftreten, die sogar weniger elementar sind als die bei MAUROLICO, daß aber von systematischer Anwendung oder gar Formulierung keine Rede sein kann.»

An dieser Stelle sei noch auf die Arbeit von K. HARA in [4, p. 120ff.] hingewiesen.

Die *abstrakte* Formulierung des Prinzips der vollständigen Induktion lautet:

$$(6)\quad \begin{cases} \text{I)} \quad E_1 \text{ gilt;} \\ \text{II)} \quad E_n \Rightarrow E_{n+1} \qquad \text{für alle } n. \\ \text{Aus I) und II) folgt, daß } E_n \text{ für alle } n \text{ gilt.} \end{cases}$$

I) heißt «Verankerung» und II) der «Schluß von n auf $n + 1$».

Wir wenden uns jetzt einem von PASCAL bewiesenen, grundlegenden *Satz 2* zu, der sich mit Proportionen im arithmetischen Dreieck beschäftigt. (FREUDENTHAL glaubt, daß es viel Mut brauche, um nach der Lektüre des Beweises dieses Satzes noch zu leugnen, daß PASCAL der Entdecker des Prinzips der vollständigen Induktion sei.)

Satz 2:

(Wir bringen zuerst die freie deutsche Übersetzung und dann das französische Original):

«In jedem arithmetischen Dreieck gilt: Für zwei benachbarte Zahlen in derselben Diagonalen ist das Verhältnis der höher gelegenen zur tiefer gelegenen gleich dem Verhältnis der Anzahl Zellen (in der betreffenden Diagonalen) oberhalb der höheren zur Anzahl Zellen unterhalb der tieferen.»

Original [1, p. 103, Conséquence douzième]:

«En tout Triangle arithmétique, deux cellules contiguës étant dans une même base, la supérieure est à l'inférieure comme la multitude des cellules depuis la supérieure jusqu'au haut de la base à la multitude de celles depuis l'inférieure jusqu'en bas inclusivement.»

In den Begriffen «unterhalb», resp. «oberhalb» ist die betreffende Zahl selber mitzuzählen.

PASCAL wählt als Beispiel die Zahlen E und C in der Diagonalen $5 - 5$ (Abb. 35).[44]

(7)	C	:	E	=	3	:	2
	höhere		tiefere		weil es 3 Zahlen (inkl. C) gibt, die oberhalb C liegen		weil es 2 Zahlen (inkl. E) gibt, die unterhalb E liegen

Nun erscheint als Einleitung zur Beweisführung eine tiefschürfende Vorbemerkung:

> «Obschon dieser Satz unendlich viele Fälle umfaßt, werde ich einen sehr kurzen Beweis geben, der auf zwei Lemmata beruht.»

Lemma 1:

Es ist selbstverständlich, daß dieser Satz für die zweite Diagonale oder Basis $2-2$ erfüllt ist, denn die Behauptung $\sigma:\varphi = 1:1$ ist offensichtlich richtig.

Lemma 2:

Wenn dieser Satz für irgend eine Diagonale richtig ist, dann auch notwendigerweise für die nächstfolgende Diagonale.

PASCAL fährt dann fort:

> «Aus *Lemma 1* und *2* erkennt man, daß der Satz notwendigerweise richtig ist für *alle* Diagonalen: denn er ist nach *Lemma 1* richtig für die zweite Diagonale, folglich nach *Lemma 2* für die dritte, folglich für die vierte usw. bis ins Unendliche.»

PASCAL hat mit nicht zu überbietender Klarheit das allgemeine Prinzip der vollständigen Induktion formuliert, denn die beiden *Lemmata 1* und *2* entsprechen eindeutig den Forderungen I) und II) in der formalen Darstellung (6). Bleibt somit der konkrete Nachweis von *Lemma 2*:

Wenn *Satz 2* richtig ist für «irgend eine Diagonale», z. B. die vierte, dann gilt nach Voraussetzung

$$B:D = 3:1$$
$$\theta:B = 2:2$$
$$\lambda:\theta = 1:3$$

und ich behaupte, daß sich dieselben Proportionen auch in der nächstfolgenden Diagonalen vorfinden, d. h., daß z. B. $C:E = 3:2$ gilt. Denn aus $B:D = 3:1$ folgt bekanntlich $B:(B+D) = 3:4$ und aus $\theta:B = 2:2$ schließt man $(\theta + B):B = 4:2$. Nun gelten

$B + D = E$ und $\theta + B = C$ infolge des Bildungsgesetzes (1), somit $C:B = 4:2$ und $B:E = 3:4$, woraus schließlich $C:E = 3:2$ folgt.

q.e.d.

Der Leser wird die eben vorgeführte originale Beweisführung als allgemein genug anerkennen, denn PASCAL bedient sich der beiden Zahlen C und E als stellvertretend für allgemeine benachbarte Zahlen in derselben Diagonalen.

In moderner Schreibweise würde *Satz 2* folgendermaßen lauten:

$$(8) \qquad a(i,j):a(i+1,j-1) = i:(j-1),$$

und er wäre in dieser Form unschwer mit Hilfe der vollständigen Induktion zu beweisen. Der Übersicht halber sei der Satz noch in der Sprache der Binomialkoeffizienten formuliert.

$$(9) \qquad \binom{n}{k}:\binom{n}{k-1} = (n-k+1):k,$$

$$\text{z.B.} \qquad \binom{4}{3}:\binom{4}{2} = 2:3 \qquad \text{(Abb. 37)}.$$

Damit schließen wir den gezielten Einblick in die, strukturelle Eigenschaften des arithmetischen Dreiecks betreffenden, Beiträge PASCALS. Dieser hat mit der Beweisführung von *Satz 2* den Kern der vollständigen Induktion getroffen, d.h. er hat dieses Beweisverfahren als solches klar erkannt und bewußt angewandt. Wenden wir uns jetzt dem zweiten Bereich von Abhandlungen zu, der den *Anwendungen* gewidmet ist.

Anwendungen des arithmetischen Dreiecks

a) Die figurierten Zahlen

In einer kleinen Abhandlung *Usage du triangle arithmétique pour les ordres numériques* ([1, p. 108ff]) weist PASCAL auf sehr nützliche *Zahlenfolgen* hin, die er *rekursiv* konstruiert und unter dem Gesichtspunkt der sogenannten *Ordnung* klassifiziert.

Ausgangspunkt ist die konstante Folge der Einheiten

1, 1, 1, 1, ..., sogenannten Zahlen 1. Ordnung.

Hieraus bildet Pascal durch sukzessives Addieren der Glieder eine neue Folge

1, 2, 3, 4, 5, ..., sogenannten Zahlen 2. Ordnung (natürliche Zahlen).

In gleicher Weise verfährt man weiter und gewinnt so rekursiv Zahlenfolgen beliebig hoher Ordnung.

Die nachfolgende *Tabelle* gibt eine systematische Übersicht über die *figurierten Zahlen.*

Name	*Ordnung*	*Zahlenfolgen*					
Einheiten	1	1	1	1	1	1	…
natürliche Zahlen	2	1	2	3	4	5	…
Triangularzahlen	3	1	3	6	10	15	…
Pyramidalzahlen	4	1	4	10	20	35	…

PASCAL weist nun darauf hin, daß obige Tabelle mit dem arithmetischen Dreieck identisch ist. So erscheint die Zahlenfolge der Ordnung i in der i-ten Zeile (rang parallèle no i), resp. in der i-ten Kolonne (rang perpendiculaire no i) des arithmetischen Dreiecks. Dies ist leicht zu beweisen, denn nach *Satz 1* (Conséquence seconde) in diesem Kapitel gilt z. B.

$$10 = 1 + 2 + 3 + 4,$$

d. h. die vierte Triangularzahl (Dreieckszahl) $f_4^{(3)}$ ist gleich der Summe der vier ersten Zahlen 2. Ordnung, oder allgemein

$$(10) \qquad f_n^{(i)} = \sum_{k=1}^{n} f_k^{(i-1)},$$

wobei $f_n^{(i)}$ die n-te figurierte Zahl der Ordnung i darstellt.

Selbstverständlich läßt sich die figurierte Zahl auch wieder als Binomialkoeffizient schreiben:

$$(11) \qquad f_n^{(i)} = \binom{n+i-2}{i-1}.$$

In gewissen Spezialfällen waren die figurierten Zahlen schon in der griechischen Antike bekannt. NIKOMACHOS von Gerasa kannte die Dreieckszahlen $f_n^{(3)} = \binom{n+1}{2}$. Die spezielle Dreieckszahl $f_4^{(3)} = 10$, die sogenannte *Tetraktys*, war den Pythagoreern (ca. 500 v. Chr.) heilig. Sie läßt sich durch das «vollkommene Dreieck»

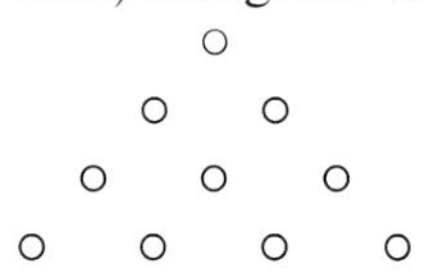

$$10 = 1 + 2 + 3 + 4$$

geometrisch repräsentieren [23, p. 393–394].

Im *Traité des ordres numériques* ([1, p. 130 ff]), der sich an die oben erwähnte Abhandlung gleichen Inhalts anlehnt, leitet PASCAL eine weitere Serie von Sätzen her, die den figurierten Zahlen gewidmet sind. Er selber vermerkt in der Einleitung, daß die Inhalte dieser Sätze mit jenen der Abhandlung über das arithmetische Dreieck weitgehend übereinstimmen. So wird beispielsweise im *Satz 9* (Proposition IX, p. 132 in [1]) für die figurierten Zahlen eine Proportion bewiesen, die mit *Satz 2* (Conséquence douzième) aus der Abhandlung über das arithmetische Dreieck äquivalent ist.

Im Kommentar zu Satz XI (dem letzten im *Traité des Ordres numériques*) weist PASCAL darauf hin, daß FERMAT fast gleichzeitig mit ihm den genannten Satz gefunden habe. Diese mehr als fragwürdige Behauptung kann nicht stimmen, denn FERMAT hat nachgewiesenermaßen bereits um 1638 (also 18 Jahre vor PASCAL) MERSENNE und ROBERVAL über seine Untersuchungen betreffs der figurierten Zahlen informiert. Es ist nicht anzunehmen, daß PASCAL davon keine Kenntnis hatte. Doch der großzügige Mathematiker und Jurist aus Toulouse beharrt nicht auf seinen Prioritätsrechten, was BOSMANS in [11, p. 435] zu folgender Bemerkung Anlaß gibt:

> «Voilà bien le prince des géomètres de l'époque, le grand FERMAT dans toute la noblesse de son caractère.»
>
> [«Hier haben wir den Fürst der Mathematiker dieser Zeit vor uns, den großen FERMAT in aller Erhabenheit seines Charakters.»]

Die generelle Frage, inwiefern und in welchem Ausmaß PASCAL auf vorhandenes Wissen über das arithmetische Dreieck zurückgreifen konnte, ist nur teilweise geklärt. Ähnlich wie im Bereich der Infinitesimalrechnung können viele Prioritätsfragen nur vage beantwortet werden. Wer näheres darüber erfahren möchte, dem sei die Abhandlung von H. BOSMANS empfohlen ([30, vor allem p. 430 ff]).

b) Kombinatorik

Sei C_m^p die Anzahl Kombinationen von m Elementen in Gruppen oder Klassen zu p ($p \leqq m$). Dabei werden definitionsgemäß die m Elemente als verschieden betrachtet, und die Anordnung der Elemente in den Klassen soll keine Rolle spielen.

Beispiel:

$m = 4$ $\qquad$ a, b, c, d

$p = 2$

Aufzählung			Anzahl
a b	b c	c d	
a c	b d		$C_4^2 = 6$
a d			

Wie in der Einleitung zu diesem Kapitel 4 bereits erwähnt, haben sich vor PASCAL andere Mathematiker, u.a. MERSENNE (1625) mit den oben erwähnten Kombinationen beschäftigt. Von PASCAL gibt es zu diesem Thema zwei Arbeiten, die sich z.T. überdecken.

In einer lateinisch abgefaßten Abhandlung mit dem Titel *De combinationibus* oder *Combinationes* [1, p. 148 ff] wird im *Problem*, das die Abhandlung beschließt, die explizite Formel für die Kombinationszahl hergeleitet:

$$(12) \qquad C_m^p = \frac{m(m-1)\ldots(m-p+1)}{1 \cdot 2 \cdot 3 \cdots p},$$

oder in moderner Schreibweise

$$(13) \qquad C_m^p = \binom{m}{p}.$$

Aus der französisch verfaßten Schrift: *Usage du triangle arithmétique pour les combinaisons* [1, p. 110 ff] greifen wir das *Lemma IV* heraus. Es ist dem *Bildungsgesetz* der Kombinationszahlen C_m^p gewidmet, das, wie wir sehen, jenem für die Elemente des arithmetischen Dreiecks gleichkommt.

Lemma IV (in deutscher Übersetzung):

> «Wenn es vier beliebige Zahlen gibt, von denen die erste beliebig ist, die zweite um die Einheit größer als die erste, die dritte beliebig, nur nicht kleiner als die zweite, die vierte um die Einheit größer als die dritte; dann ist die Zahl der Kombinationen der ersten in die dritte, vermehrt um die Zahl der Kombinationen der zweiten in die dritte, gleich der Zahl der Kombinationen der zweiten in die vierte.»

(Wir bezeichnen die erste Zahl mit p, die zweite mit $p+1$, die dritte mit m und die vierte mit $m+1$.) «Die Zahl der Kombinationen von p in m» bedeutet in moderner Terminologie die Kombinationszahl C_m^p. Mit diesem Symbol läßt sich der schwerfällige Text von *Lemma IV* formal übertragen in

$$(14) \qquad C_{m+1}^{p+1} = C_m^p + C_m^{p+1},$$

oder nach (13)

$$(15)\qquad \binom{m+1}{p+1} = \binom{m}{p} + \binom{m}{p+1}.$$

Bemerkenswert transparent ist die Beweisführung nach Pascal: die C_{m+1}^{p+1} Kombinationen von $(m + 1)$ Elementen zur $(p + 1)$-ten Klasse werden in *zwei* Gruppen aufgeteilt, die sich gegenseitig ausschließen, und deren Vereinigung die gewünschte Anzahl ergibt, nämlich

i) in eine erste Gruppe von Kombinationen, die ein bestimmtes Element, z. B. *a*, *enthalten*, von denen es offenbar C_m^p gibt;
ii) in eine zweite Gruppe von Kombinationen, die das Element *a* *nicht enthalten*, wovon es C_m^{p+1} gibt. q.e.d.

c) Potenzieren eines Binoms

In der Einleitung zum Kapitel 4 wurde schon darauf hingewiesen, daß Pierre Hérigone bereits um 1634, d.h. rund 20 Jahre vor Pascal, die Entwicklung von $(a + b)^n$, der n-ten Potenz eines Binoms, untersucht hat. Pascal selber weist in seiner Abhandlung *Usage du triangle arithmétique pour trouver les puissances des binômes et des apotômes*[45] ([1, p. 127 ff]) auf diesen Sachverhalt hin und schreibt am Schluß wörtlich:

> «Ich gebe keinen Beweis von alledem, weil andere wie etwa Hérigone diesen Gegenstand schon abgehandelt haben, und abgesehen davon ist die Sache an sich klar.»

Pascals Ausführungen beschränken sich demzufolge auf die exemplarische Behandlung von $(A + 1)^4$ und ähnliches und er verzichtet auf allgemeine Beweise. In der heutigen Schreibweise berechnet sich bekanntlich die n-te Potenz eines Binoms wie folgt:

$$(16)\qquad (A+B)^n = \sum_{k=0}^{n} \binom{n}{k} A^k B^{n-k} \qquad \text{(binomischer Lehrsatz).}$$

d) das Teilungsproblem (problème des partis)

Wissenschaftshistorisch von außerordentlicher Tragweite ist die Anwendung des arithmetischen Dreiecks auf ein spezielles Problem aus dem Bereich der *Glücksspiele*. In diesem Sektor hat Pascal neue Wege beschritten, die pionierhaft in die Zunkunft weisen. (Dieser Gegenstand wird – besonders was die Vorgeschichte betrifft – auch im folgenden Kapitel 5 über Wahrscheinlichkeitsrechnung zur Sprache kommen. Gewisse Überschneidungen sind also nicht ganz zu vermeiden.)

Problemstellung:

(17) Zwei Spieler A und B leisten je einen Einsatz von S Fr. und vereinbaren folgendes Glücksspiel:
Fällt eine symmetrische Münze auf Kopf (K), so erhält Spieler A einen Punkt; fällt die Münze auf Zahl (Z), so wird dem Spieler B ein Punkt zugesprochen. Wer zum erstenmal eine vorgegebenen Anzahl ω von Punkten erreicht hat, darf den gesamten Einsatz von $2S$ Fr. beziehen.
Aus irgend einem Grunde muß das Spiel vorzeitig in dem Augenblick abgebrochen werden, wo Spieler A über a und Spieler B über b Punkte verfügt. In welchem Verhältnis ist der Gesamteinsatz gerechterweise unter die beiden Spieler aufzuteilen?

Die Lösung wurde *vor* PASCAL in einer Richtung gesucht, die auf Widersprüche stieß. Wir berichten darüber im Kapitel 5. Jetzt interessiert uns PASCALs Lösungsansatz, der sich direkt auf das arithmetische Dreieck abstützt. Der Titel der diesbezüglichen Originalarbeit lautet:

> *Méthode pour faire les partis entre deux joueurs qui jouent en plusieurs parties par le moyen du triangle arithmétique* [1, p. 119ff].
>
> [Eine auf dem arithmetischen Dreieck beruhende Methode zur Bestimmung der gerechten Aufteilung zwischen zwei Spielern, die in mehreren Partien spielen.]

(Zur Übersetzung sei angemerkt, daß der Passus «faire les partis» dem deutschen Ausdruck «gerechte Aufteilung finden» entspricht.)
PASCAL hat als einer der ersten deutlich erkannt, daß

1. die Lösung in *prospektiver* Sicht zu suchen ist, d.h. es kommt nicht auf die von den beiden Spielern erreichten Punkte a, resp. b an, sondern auf die noch benötigten Punkte $\omega - a$, resp. $\omega - b$;
2. für die Bewertung der Spielsituation die *erwartete Auszahlung* (bei Spielabbruch) an die Spieler von Bedeutung ist.

Aus der oben erwähnten Abhandlung oder Methode greifen wir ein zentrales Problem heraus, das wir vorerst in der Originalversion wiedergeben [1, p. 121]:

(18) *Problème 1* (Proposition 1):

Etant proposés deux joueurs, à chacun desquels il manque un certain nombre de parties pour achever, trouver par le

Triangle arithmétique le parti qu'il faut faire (s'ils veulent se séparer sans jouer), eu égard aux parties qui manquent à chacun.

Problem 1 (Satz 1) (in freier deutscher Übersetzung):

Formulierung: Zwei Personen A und B hinterlegen je S Fr. und beginnen ein Spiel, das in (17) beschrieben ist. Das Spiel wird unterbrochen im Moment, wo A noch m, resp. B noch n Punkte benötigt bis zum Sieg. Gesucht ist die gerechte Verteilung des Gesamteinsatzes $2S$ Fr. unter die beiden Spieler.

Pascal schildert die Lösung wie gewohnt in rein verbaler Form. Nachstehend findet sich eine Kurzfaßung seiner Idee:

Behauptung:

Der Gesamteinsatz ist aufzuteilen im Verhältnis $\Sigma n : \Sigma m$, wobei Σn die Summe der n ersten Elemente in der $(m+n)$-ten Diagonalen (oder Basis) im arithmetischen Dreieck bedeutet und Σm die Summe der verbleibenden Elemente in der genannten Diagonalen[46]. Zur Illustration beziehen wir uns auf ein von Pascal gewähltes Zahlenbeispiel, das uns wieder im Kapitel 5 begegnen wird. Abb. 38 ist ein Auszug von Abb. 35 am Anfang unseres Kapitels.

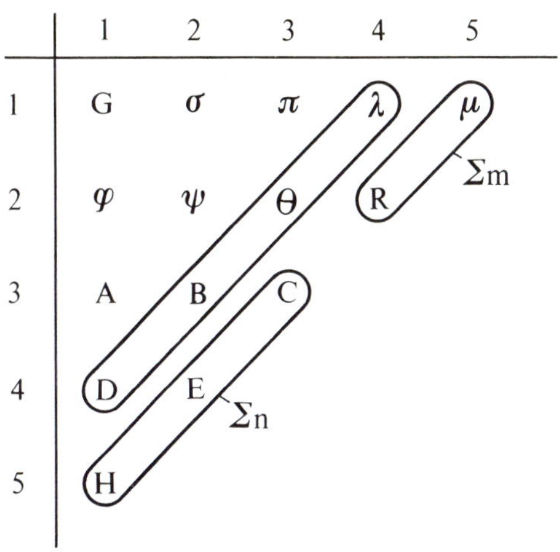

Abb. 38
Detail aus Abb. 35.

Sei $m = 2$ und $n = 3$, d.h. wir sind in der 5. Diagonale $5 - 5$ und lesen aus der Tabelle ab:

$$\Sigma n = \Sigma 3 = H + E + C,$$

$$\Sigma m = \Sigma 2 = R + \mu .$$

Die *Anteile* f_A, bzw. f_B, die den Spielern A, resp. B am Gesamteinsatz $2\,S$ zukommen, betragen somit

$$(19)\qquad \begin{aligned} f_A(2,3) &= \frac{H+E+C}{H+E+C+R+\mu} = \frac{1+4+6}{1+4+6+4+1} = \frac{11}{16} \\ f_B(2,3) &= \frac{R+\mu}{H+E+C+R+\mu} = \frac{4+1}{16} = \frac{5}{16}. \end{aligned}$$

Der Gesamteinsatz wird also im Verhältnis $f_A : f_B = 11 : 5$ unter die Spieler A und B aufgeteilt.

Da sich PASCALS Beweis wiederum auf die *vollständige Induktion* abstützt, können wir uns diesmal kürzer fassen.

Beweisskizze:

1. Generell wird die vollständige Induktion angewandt;
2. nach dem *Erwartungswert-Prinzip* soll gelten:

$$(20)\qquad f_A(m,n) = \tfrac{1}{2}\cdot f_A(m-1,n) + \tfrac{1}{2}\cdot f_A(m,n-1),$$

wobei $f_A(m,n)$ der (erwartete) Anteil von Spieler A bedeutet, wenn das Glücksspiel im Zustand (m,n) abgebrochen wird. Die Begründung von (20) liegt darin, daß der Zustand (m,n) mit Wahrscheinlichkeit $\frac{1}{2}$ in $(m-1,n)$ übergeht, falls A einen Punkt gewinnt und mit Wahrscheinlichkeit $\frac{1}{2}$ in $(m,n-1)$, wenn B einen Punkt gewinnt.

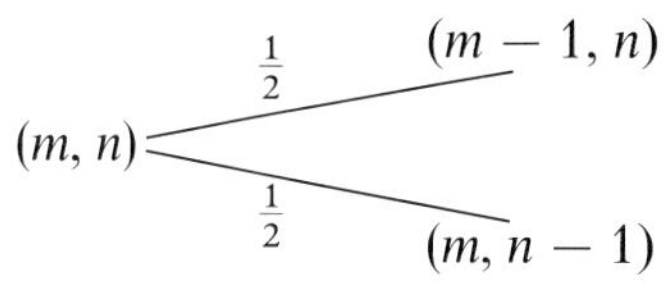

3. *Lemma 1*

Die Summe der Elemente in irgend einer Diagonale (Basis) des arithmetischen Dreiecks ist doppelt so groß wie die Summe der Elemente in der vorhergehenden Diagonale.

4. *Lemma 2* (in moderner Darstellung)

Sei Σ_k^i die Summe der k ersten Elemente in der i-ten Diagonale des arithmetischen Dreiecks, dann gilt:

$$\Sigma_k^i = \Sigma_k^{i-1} + \Sigma_{k-1}^{i-1},$$

z.B. für $i = 4$, $k = 3$: $\quad D + B + \theta = (A + \psi + \pi) + (A + \psi)$.

Die beiden Lemmata hat PASCAL als 7., resp. 10. Konsequenz seines *Traité du triangle airthmétique* bereitgestellt [1, p. 101, resp. p. 102].

In der eigentlichen Beweisführung verwendet PASCAL einen konkreten Fall (Schluß von der vierten auf die fünfte Diagonale), der aber wieder stellvertretend für den allgemeinen Sachverhalt steht.

Behauptung:

$$f_A(2, 3) = \frac{H + E + C}{H + E + C + R + \mu}. \qquad (21)$$

Beweis (vollständige Induktion):

i) Verankerung: Für die Diagonale 2 – 2 in Abb. 38 ist die Behauptung richtig, denn

$$f_A(1, 1) = \frac{\sigma}{\varphi + \sigma} = \frac{1}{2};$$

ii) nach Induktionsvoraussetzung ist

$$f_A(1, 3) = \frac{D + B + \theta}{D + B + \theta + \lambda}$$

und

$$f_A(2, 2) = \frac{D + B}{D + B + \theta + \lambda}.$$

Es ist nun leicht zu zeigen, daß aus ii) und den oben angeführten Lemmata die Behauptung (21) folgt. Die Einzelheiten des Beweises findet man in [1, p. 122f].

Zusammenfassung

Das arithmetische Dreieck (heute PASCALsches Dreieck genannt) war in arabischen und fernöstlichen Ländern Jahrhunderte vor PASCAL bekannt. In Europa tauchte es im 16. Jh. auf, und erste Anwendungen auf die Kombinatorik und den binomischen Lehrsatz sind auf Anfang des 17. Jahrhundert zu datieren. Sie dürften PASCAL weitgehend bekannt gewesen sein. PASCALs eigenständige Beiträge sind einerseits in der *systematischen Analyse* der Struktur des arithmetischen Dreiecks zu suchen, wobei in bestechender Klarheit das Beweisverfahren der *vollständigen Induktion* eingesetzt wird.

Andererseits hat PASCAL *neue Anwendungen* erschlossen. Neben den figurierten Zahlen ist vor allem die Lösung des «problème des partis» aus dem Bereich der Glücksspiele als besondere Leistung hervorzuheben. Diese Problematik trägt im Keim einen neuen künftigen Zweig der Mathematik – theoretisch gleichermaßen interessant wie praktisch von Bedeutung – dem wir uns im folgenden Kapitel 5 zuwenden.

5 Die Genesis der Wahrscheinlichkeitsrechnung

Rückblick

Die Geschichte der Wahrscheinlichkeitsrechnung ist untrennbar mit der Frage nach dem Wesen des *Zufalls* verknüpft. Seit Urzeiten haben die Menschen in mannigfachen Variationen des *Glückspiels* ein Abbild des Ungewissen, des Schicksals im allgemeinen, gesehen. Das Wort «Zufall» stammt ja aus dem Althochdeutschen «zuoval», d.h. «auf einen zufallen».

Eines der ersten Spielgeräte – ein Vorläufer des Würfels – ist der sog. *Astragalus*[47], hergestellt aus dem Sprungbein von Schafen und Ziegen. Es dürften pseudoreligiöse und orakelhafte Vorstellungen gewesen sein, welche in der Antike zum Würfelspiel angeregt haben. Im ausgehenden Mittelalter und vor allem in der italienischen Renaissance standen allerdings handfeste Absichten und Beweggründe im Zentrum, nämlich die Hoffnung auf großen Gewinn oder

Abb. 39
Zwei *Astragali* aus der etruskischen Nekropole von Vulci und *Tesserae* unbekannter Herkunft. –
Staatliche Antikensammlungen und Glyptothek, München.

die Freude am *Risiko* schlechthin. Erstaunlich ist die Tatsache, daß mehrere Jahrhunderte verstreichen mußten, bis der *homo ludens*[48] auf die Idee kam, das scheinbar völlig regellose Zufallsgeschehen nach mathematisch-statistischen Gesetzmäßigkeiten zu ergründen. Doch auch hier wirkte sich die Autorität von ARISTOTELES hemmend aus, nach dessen Meinung der Gegenstand der Mathematik das Unveränderliche sei, was für den Zufall im höchsten Maße nicht zutrifft. Jede quantitative Analyse des Zufalls wurde zu jener Zeit als pietätloses Eindringen in die göttliche Ordnung bewußt oder unbewußt vermieden.

Rund 250 Jahre vor PASCAL erschien in einem italienischen mathematischen Manuskript (vermutlich arabischen Ursprungs) das sogenannte *Teilungsproblem* oder «problème des partis», das im Blickfeld des arithmetischen Dreiecks bereits im Kapitel 4 zur Sprache kam. Gedruckt erschien das Teilungsproblem im Jahre 1494 in der *Summa de arithmetica* ... des Minoritenpaters LUCA PACIOLI.

Wir werden nun das Teilungsproblem mit jenen Zahlen vorführen, wie sie uns wieder bei der PASCALschen Lösung begegnen:

Abb. 40
LUCA PACIOLI (links) mit Fürst GUIDOBALDO DA MONTEFELTRO (?), 1494. Gemälde von JACOPO DE' BARBARI im Museo Nazionale di Capodimonte, Neapel.

Zwei Spieler A und B leisten je einen Einsatz von $S = 32$ Fr. und vereinbaren folgendes Glücksspiel:

Fällt eine symmetrische Münze auf Kopf, erhält A einen Punkt zugesprochen, andernfalls der Spieler B. Wer zum erstenmal $w = 7$ Punkte verzeichnen kann, hat das Spiel gewonnen und erhält den gesamten Einsatz von $2S = 64$ Fr. Aus irgend einem Grunde muß das Spiel unterbrochen werden, im Moment wo A über $a = 5$ Punkte und B über $b = 4$ Punkte verfügt. *In welchem Verhältnis ist der Gesamteinsatz gerechterweise unter die beiden Spieler aufzuteilen?* (siehe auch Problemstellung (17) im Kapitel 4).

A	$\overbrace{\cdot\ \cdot\ \cdot\ \cdot\ \cdot}^{a=5}$	$\overbrace{\circ\ \circ}^{m=2}$	. zugesprochene Punkte o fehlende Punkte
B	$\underbrace{\cdot\ \cdot\ \cdot\ \cdot}_{b=4}$	$\underbrace{\circ\ \circ\ \circ}_{n=3}$	$a + m = b + n = w = 7$

Höchst bemerkenswert ist die Tatsache, daß die führenden Mathematiker der italienischen Renaissance an der Lösung dieses scheinbar elementaren Problems gescheitert sind. Viele, sich widersprechende Lösungen wurden vorgeschlagen. PACIOLI gibt als Lösung $a : b = 5 : 4$ an; er möchte also den Einsatz im Verhältnis der erworbenen Punkte aufteilen. GIROLAMO (HIERONYMUS) CARDANO bemerkte, daß für die Lösung nicht der Punktestand beim Abbruch des Spiels entscheidend sei, sondern die noch fehlenden Punkte bis zum Sieg und gibt als Lösung an:

$$(1 + 2 + 3 + \ldots + n) : (1 + 2 + \ldots + m) = 6 : 3 = 2 : 1 .$$

Wieder anderer Meinung ist NICCOLÒ TARTAGLIA [FONTANA], der mit CARDANO in Prioritätsstreitigkeiten verwickelt ist[49]. Nach ihm handelt es sich eher um ein juristisches als um ein mathematisches Problem, und er glaubt, die Streitfrage mit dem Verhältnis

$$\begin{aligned}(w + a - b) : (w + b - a) = (7 + 5 - 4) : (7 + 4 - 5) &= 8 : 6 \\ &= 4 : 3\end{aligned}$$

beilegen zu können. (Auf einen Lösungsansatz von LEIBNIZ gehen wir später ein.) Bevor wir uns der endgültigen Bereinigung der Kontroversen um das Teilungsproblem zuwenden, kommen wir nochmals auf G. CARDANO, den genialen und exzentrischen Arzt, Naturphilosophen und Mathematiker der italienischen Renaissance zurück. Nach eigenen Aussagen war er ein leidenschaftlicher Glücksspieler, aber gleichzeitig auch interessiert an den *Gesetzmäßigkeiten des Würfelspiels*. Über das wechselhafte Schicksal von CARDANO und sein Gesamtwerk vermitteln FIERZ in [48] und OYSTEIN in [47] treffliche Einblicke.

CARDANO beschäftigte sich vor allem mit dem Werfen von zwei symmetrischen Würfeln, wobei es um folgende Frage ging:

Abb. 41
GIROLAMO CARDANO.

Das Würfelproblem (Problème des dés)

Welches ist die kleinste Anzahl n von Doppelwürfen, bei der die Wahrscheinlichkeit, mindestens einmal den «Sechserpasch» (Doppelsechs) zu werfen, mindestens 50% beträgt?

Eine unzutreffende Form des sogenannten Additionssatzes der Wahrscheinlichkeitsrechnung führte CARDANO zur falschen Antwort

CONSIDERAZIONE

DI

GALILEO GALILEI

SOPRA IL GIUOCO DE' DADI.

CHe nel giuoco de i dadi, alcuni punti ſieno più vantaggioſi di altri, vi ha la ſua ragione aſſai manifeſta, la quale è, il poter quelli più facilmente, e più frequentemente ſcoprirſi, che queſti, il che depende dal poterſi formare con più ſorte di numeri: onde il 3. e il 18. come punti, che in un ſol modo ſi poſſon con tre numeri comporre, cioè queſti con 6. 6. 6. e quelli con 1. 1. 1. e non altrimenti, più difficili ſono a ſcoprirſi, che v. g. il 6. o il 7. li quali in più maniere ſi compongono, cioè il 6. con 1. 2. 3. e con 2. 2. 2. e con 1. 1. 4. ed il 7. con 1. 1. 5., 1. 2. 4., 1. 3. 3., 2. 2. 3. Tuttavia ancorche il 9. e il 12. in altrettante maniere ſi compongano in quante il 10. e l'11. perlochè d'egual uſo duvriano eſſer reputati; ſi vede nondimeno, che la lunga oſſervazione ha fatto da i giuocatori ſtimarſi più vantaggioſi il 10. e l'11. che il 9, e il 12.

E che il 9. e il 10. ſi formino (e quel che di queſti ſi dice intendaſi de' lor ſoſſopri 12. e 11.) ſi formino dico con pari diverſità di numeri, è manifeſto; imperocchè il 9. ſi compone con 1. 2. 6., 1. 3. 5., 1. 4. 4., 2. 2. 5., 2. 3. 4., 3. 3. 3. che ſono ſei triplicità, ed il 10. con 1. 3. 6., 1. 4. 5. 2. 2. 6., 2. 3. 5., 2. 4. 4., 3. 3. 4. e non in altri modi, che pur ſon 6. combinazioni. Ora io per ſervire a chi m'ha comandato, che io debba produr ciò, che ſopra tal difficoltà mi ſovviene, eſporrò il mio penſiero, con ſperanza, non ſolamente di ſciorre queſto dubbio, ma di aprire la ſtrada a poter puntualiſſimamente ſcorger le ragioni, per le quali tutte le particolarità del giuoco ſono ſtate con grande avvedimento, e giudizio compartite, ed aggiuſtate. E per condurmi colla maggior chiarezza, che io poſſa al mio fine, comincio a conſiderare, come eſſendo un dado terminato da 6. faccie, ſopra ciaſcuna delle quali gettato, egli può indifferentemente fermarſi; ſei vengono ad eſſere le ſue ſcoperte, e non più, l'una differente dall'altra. Ma ſe noi inſieme col primo getteremo il ſecondo dado, che pure ha altre ſei faccie, potremo fare 36. ſcoperte tra di loro differenti, poichè ogni faccia del primo dado può accoppiarſi con ciaſcuna del ſecondo, ed in conſeguenza fare 6. ſcoperte diverſe; onde è manifeſto tali combinazioni eſſer 6. volte 6. cioè 36. E ſe noi aggiugneremo il terzo dado, perchè ciaſcuna delle ſue faccie, che pur ſon ſei, può accoppiarſi con ciaſcuna delle 36. ſcoperte delli altri due dadi, averemo le ſcoperte di tre dadi eſſere 6. volte 36. cioè 216. tutte tra di loro differenti. Ma perchè i punti de i tiri di tre dadi non ſono ſe non 16. cioè 3. 4. 5. ſino a 18. tra i quali ſi hanno a compartire le dette 216. ſcoperte, è neceſſario, che ad alcuni di eſſi ne toc-

H 4 chi-

Abb. 42
Titelblattausschnitt der 1718 in Florenz erschienenen Abhandlung von GALILEO GALILEI über spezielle Glücksspiele.

$n = 18$ [43, p. 125 ff]. Wenngleich die richtige Zahl verfehlt wurde, so kommt Cardano doch das unbestreitbare Verdienst zu, pionierhaft *erste Ansätze zu einer mathematischen Beschreibung der Gesetze des Zufalls* geleistet zu haben.
Seine diesbezüglichen, mit psychologischen und moralischen Betrachtungen durchsetzten Studien sind im *Liber de ludo aleae* (*Buch über das Würfelspiel*) niedergelegt. Dieses wohl älteste Buch der Wahrscheinlichkeitsrechnung erschien erst postum im Jahre 1663 in Lyon und konnte deshalb auf Pascal und Fermat keinen Einfluß ausüben. (Eine englische Übersetzung findet sich in [47].)

An dieser Stelle möchten wir noch erwähnen, daß sich auch Galilei – vermutlich in der Zeit von 1613 bis 1623 – mit der mathematischen Analyse von speziellen Glücksspielen beschäftigt hat. Beim Werfen von drei Würfeln stellte man experimentell fest, daß die Summe 10 etwas häufiger auftrat als die Summe 9. Die theoretische Bestätigung dieses Faktums gelang Galilei mittels einer konkreten, kombinatorischen Abzählung der günstigen und möglichen Fälle.

Diese punktuellen Untersuchungen wurden erst Jahrzehnte nach dem Tode Galileis publiziert. Galilei selbst gab seiner Arbeit ursprünglich den Titel *Sopre le scoperte dei Dadi* (*Über die Entdeckung beim Würfeln*).

Die «Geburtsstunde» der klassischen Wahrscheinlichkeitsrechnung

Wie indirekt schon angedeutet, fand das Würfel- und das Teilungsproblem erst durch Pascal und Fermat endgültige Klärung und Lösung. Der französische Mathematiker S. D. Poisson [50] schrieb unter anderem:

> «Es ist jedoch ein Problem der Glücksspiele, das von einem Weltmann einem strengen Jansenisten vorgelegt worden ist, welches den Ursprung der Wahrscheinlichkeitsrechnung bildet [51].»

Wie aus der Biographie von Pascal hervorgeht, ist er in seiner *weltlichen Periode*, die sich ungefähr von 1652 bis 1654 erstreckte, mit namhaften Persönlichkeiten des höfischen Adels in Berührung gekommen. Neben dem Herzog von Roannez, mit der Zeit ein guter Freund von Pascal, war es Antoine Gombaud Chevalier de Méré, der mit seinen Problemen aus dem Bereich der Glücksspiele Pascal zu mathematischen Berechnungen inspirierte. De Méré verachtete das Spezialistentum, und die Mathematik war

Abb. 43
Antoine Gombaud de Méré.

nicht gerade seine Stärke. Er wirkte vor allem am Hof LUDWIGS XIV., und sein literarisches Schaffen, das sich stets um das Thema feiner Gesellschaftsmanieren drehte, ist heute in Vergessenheit geraten.

Wenden wir uns vorerst dem *Würfelproblem* zu. DE MÉRÉ wußte aus Erfahrung, daß es vorteilhaft ist, beim viermaligen Werfen eines Würfels auf das Erscheinen mindestens einer Sechs zu wetten. Die Begründung aus mathematischer Sicht folgt aus der Tatsache, daß die Wahrscheinlichkeit für das entsprechende Ereignis

$$1 - (\tfrac{5}{6})^4 \cong 0{,}5177, \qquad \text{d.h. größer als } 0{,}5 \text{ ist.}$$

Hingegen wäre $1 - (\frac{5}{6})^3$ kleiner als 0,5. Beim Werfen *eines* Würfels gibt es bekanntlich 6 (gleichwahrscheinliche) mögliche Fälle. Wirft man hingegen je *zwei* Würfel, so gibt es offenbar $6 \cdot 6 = 36$ mögliche Fälle. Will man folglich beim Doppelwürfel auf das Erscheinen einer Doppelsechs wetten, so scheint dies aufgrund der *Proportionalität* $6:4 = 36:n$ mit $n = 24$ Doppelwürfen angezeigt zu sein.

DE MÉRÉ war nicht in der Lage – so wird in der Literatur oft behauptet – das Resultat $n = 24$ mit seinen eigenen Spielerfahrungen in Einklang zu bringen. Auf alle Fälle mußte er die Hilfe seines mathematisch versierten Freundes PASCAL in Anspruch nehmen, der dann auch die richtige Lösung $n = 25$ fand. In der Tat ist

$$1 - \left(\frac{35}{36}\right)^{25} \cong 0{,}5055, \qquad \text{aber } 1 - \left(\frac{35}{36}\right)^{24} \cong 0{,}4194.$$

Hierbei bedeutet $p_n = 1 - \left(\frac{35}{36}\right)^n$ die Wahrscheinlichkeit, in n Doppelwürfen mindestens einen Sechserpasch zu werfen. Doch DE MÉRÉ konnte sich mit der PASCALschen Lösung nicht einverstanden erklären, denn damit sah er seine Proportionalregel verletzt, was er nur als Widerspruch in den Gesetzen der Arithmetik interpretieren wollte. PASCAL schreibt dazu wörtlich:

> «Voilà quel était son grand scandale qui lui faisait dire hautement que les propositions n'étaient pas constantes et que l'arithmétique se démentait.»
>
> [«Dies war seine Entrüstung, die ihn laut aussagen ließ, daß die Sätze sich nicht bestätigten und daß sich die Arithmetik widerspreche.»]

Dieser Passus stammt aus einem Brief, den PASCAL am 29. Juli 1654 an FERMAT gerichtet hat [1, p. 77–82]. Hier beklagt sich PASCAL über die mangelnden mathematischen Kenntnisse seines adeligen Freundes und meint:

«... car il a très bon esprit, mais il n'est pas géomètre».

[«... denn er besitzt große Geistesgaben, aber er ist kein Mathematiker».]

Diese offensichtliche Unterscheidung zwischen zwei Geisteshaltungen ist typisch für das analytische Denken von PASCAL. Aus mehr philosophischer Sicht wird uns dieses Thema nochmals im Kapitel 9 begegnen.

Wir wenden uns jetzt erneut dem *Teilungsproblem* zu, das ideengeschichtlich von größerer Bedeutung ist als das Würfelproblem, was PASCAL mit den Worten bestätigt:

«j'admire bien davantage la méthode des partis que celle des dés».
[«ich bewundere viel mehr die Methode des Teilungsproblems als jene des Würfelproblems».]

Während sich PASCAL beim Würfelproblem keinen ernsthaften Zweifeln gegenübersah, fühlte er sich mit dem Teilungsproblem etwas isoliert und wandte sich in der Folge an den kongenialen Mathematiker und Juristen PIERRE DE FERMAT in Toulouse. Wir wollen das Ergebnis vorwegnehmen. Die Lösungsansätze beider Wissenschafter führten zum selben Resultat, so daß PASCAL in seinem Schreiben vom 29. Juli 1654 mit Genugtuung und Stolz ausrufen konnte:

«Je vois bien que la vérité est la même à Toulouse et à Paris» [1, p. 77].

[«Ich stelle fest, daß in Toulouse und Paris dieselbe Wahrheit gilt.»]

Das Teilungsproblem

In *erster* Linie wollen wir nun auf die Methode von PASCAL näher eingehen, wie er sie im erwähntem Brief vom 29. Juli 1654 schildert. Sie beruht auf dem Prinzip des *erwarteten Erlöses*, obschon der Begriff des *Erwartungswertes* [52], wie er heute in der Wahrscheinlichkeitsrechnung verwendet wird, nicht explizite in Erscheinung tritt. Der originale, französische Text kann in [1, p. 77–78] nachgelesen werden, und eine deutsche Übersetzung findet sich in [50, p. 136]. Die rein verbale Ausdrucksweise von PASCAL zwingt uns wiederum – des besseren Verständnisses wegen – einige formale Abkürzungen einzuführen, wie sie heute gebräuchlich sind.

Wir nehmen an, das Punktespiel werde abgebrochen im Moment, wo der Spieler A noch m und der Spieler B noch n Punkte bis zum Sieg benötigt. Diesen *Zustand* bezeichnen wir mit (m, n). Im historischen Beispiel ist $m = 2, n = 3$, und jeder Spieler hat zu Beginn des Spieles den Einsatz $S = 32$ Fr. geleistet. Im Zustand $(0, j)$ hat A gewonnen und erhält den gesamten Einsatz $2S = 64$ Fr., und im Zustand $(i, 0)$ gilt analoges für B. Mit $E_A(m, n)$ bezeichnen wir den erwarteten Erlös von Spieler E_A im Zustand (m, n). Das Vorgehen von PASCAL beruht nun im wesentlichen darauf, daß $E_A(m, n)$ der nachfolgenden einfachen, *rekursiven* Beziehung genügt:

$$(1) \qquad E_A(m, n) = \tfrac{1}{2}\,[E_A(m-1, n) + E_A(m, n-1)]$$

Dabei gelten offensichtlich die Randbedingungen

$$(1\,\mathrm{a}) \qquad E_A(0, j) = 2\,S \qquad E_A(i, 0) = 0\,.$$

Analoge Beziehungen gelten für Spieler B. Es sei noch vermerkt, daß die Beziehung (1) auch als *lineare Differenzengleichung 1. Ordnung* interpretiert werden kann.

Für die konkrete Ermittlung von $E_A(2, 3)$ benutzt PASCAL die Beziehungen

$$(2) \qquad E_A(2, 3) = \tfrac{1}{2}\,[E_A(1, 3) + E_A(2, 2)] \qquad \text{sowie}$$

$$(3) \qquad E_A(1, 3) = \tfrac{1}{2}\,[E_A(0, 3) + E_A(1, 2)]\,,$$

wobei nach (1a) $E_A(0, 3) = 64$ und $E_A(2, 2) = 32$, denn bei Gleichstand wird der Gesamteinsatz gerechterweise halbiert. Bleibt somit die Berechnung von $E_A(1, 2)$, die im originalen Wortlaut (in freier deutscher Übersetzung) vorgeführt werden soll:

> «Nehmen wir an, Spieler A benötigt noch einen und Spieler B noch zwei Punkte. Wenn nun A im nächsten Spiel einen Punkt gewinnt, dann erhält er den gesamten Einsatz von 64 Fr. Wenn hingegen B einen Punkt erhält, stehen die beiden Spieler gleich, und wenn sie dann nicht weiterspielen wollen, so wird jedem Spieler sein ursprünglicher Einsatz von 32 Fr. zukommen. Dem Spieler A wird deshalb in jedem Fall (ob er in der ersten Partie gewinnt oder nicht) 32 Fr. zustehen. Wenn aber die beiden Spieler überhaupt nicht spielen wollen, so kann A wie folgt argumentieren: «Ich bin sicher, 32 Fr. zu gewinnen, auch wenn ich die erste Partie verliere, aber die restlichen 32 Fr. kann ich mit gleicher Wahrscheinlichkeit (le hasard est égal[53]) gewinnen oder verlieren. Laßt uns folglich diese 32 Fr. halbieren, und geben Sie mir darüber hinaus die 32 Fr., die mir ohnehin sicher sind!»

In dieser Weise findet PASCAL für den erwarteten Erlös des Spielers A

$$E_A(1, 2) = 32 + 16 = 48, \qquad \text{und folglich } E_B(1, 2) = 16.$$

Der Inhalt des rein verbalen Textes, soweit er die Bestimmung von $E_A(1, 2)$ betrifft, läßt sich mittels des folgenden *Wahrscheinlichkeitsbaumes* veranschaulichen:

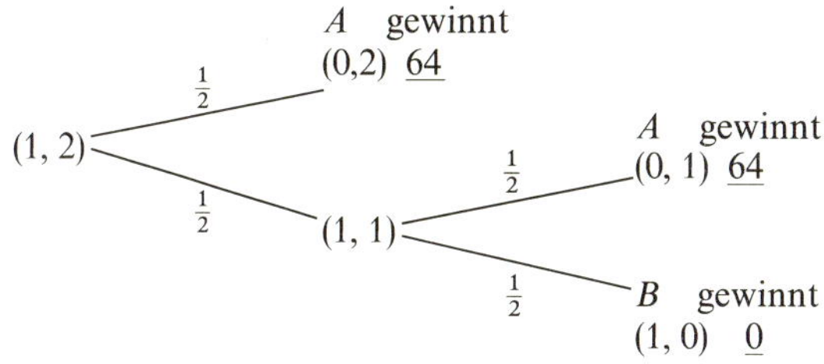

Abb. 44

Die unterstrichenen Zahlen stellen den Erlös von A dar.

Nach (3):

$$E_A(1, 3) = \tfrac{1}{2}\,[64 + 48] = 56$$

Nach (2):

$$E_A(2, 3) = \tfrac{1}{2}\,[56 + 32] = 44$$

und somit

$$E_B(2, 3) = 20\,.$$

Der gesamte Einsatz von 64 Fr. ist somit im *Verhältnis der erwarteten Erlöse* aufzuteilen:

$$E_A(2, 3) : E_B(2, 3) = 44 : 20 = 11 : 5\,.$$

Wie wir bereits gesehen haben, hat PASCAL mit Hilfe des arithmetischen Dreiecks eine Lösung des Teilungsproblems gefunden. Wie im Kapitel 4, Abschnitt d) nachgelesen werden kann, stehen dort nicht die erwarteten Erlöse, sondern die Anteile oder *Gewinnwahrscheinlichkeiten* $f_A(m, n)$ zur Diskussion, wobei

$$f_A(m, n) = \frac{E_A(m, n)}{2S}\,.$$

Für $m = 2, n = 3$ folgt $\quad f_A(2, 3) = \dfrac{E_A(2, 3)}{64} = \dfrac{44}{64} = \dfrac{11}{16}$

resp. $f_B(2, 3) = \dfrac{5}{16}$.

Damit ist die Gleichwertigkeit der beiden Methoden nachgewiesen.

Abb. 45
PIERRE DE FERMAT.

PASCAL erfaßte das Teilungsproblem unter einem Gesichtspunkt, den wir heute als *speziellen stochastischen Prozess* (Markovkette) einordnen würden. Für Einzelheiten sei auf [12, p. 142–149] verwiesen.

In *zweiter* Linie wenden wir uns jetzt noch der *kombinatorischen Methode* zu, die auf FERMAT zurückgeht. Sie läuft letztlich wieder auf das arithmetische Dreieck hinaus. Die Ausgangssituation ist dieselbe wie bis anhin, d.h. A benötigt noch $m = 2$ und B noch $n = 3$ Punkte bis zum Sieg. Nach spätestens $(m-1)+(n-1)+1=4$ Partien steht fest, welcher Spieler den Gesamteinsatz gewonnen hat. Die $2^4 = 16$ künftigen, *gleichwahrscheinlichen* Spielverläufe können wie folgt dargestellt werden (der Buchstabe gibt an, welcher Spieler den Punkt bekommt):

$*\,AAAA$	$*\,ABAA$	$*\,BAAA$	$*\,BBAA$
$*\,AAAB$	$*\,ABAB$	$*\,BAAB$	$BBAB$
$*\,AABA$	$*\,ABBA$	$*\,BABA$	$BBBA$
$*\,AABB$	$ABBB$	$BABB$	$BBBB$

Die mit $*$ versehenen Kombinationen führen zu einem Sieg von A, da sie den Buchstaben *A mindestens zweimal* ($m = 2$) enthalten.
Ihre Anzahl ist $\binom{4}{2}+\binom{4}{3}+\binom{4}{4} = 6+4+1 = 11$.
In 11 von 16 gleichwahrscheinlichen Fällen kann also A gewinnen. Somit ist die Gewinnwahrscheinlichkeit für Spieler A

$$p_A(2,3) = \tfrac{11}{16} \quad \text{und analog } p_B(2,3) = \tfrac{5}{16}.$$

Der totale Einsatz ist daher im Verhältnis $p_A : p_B = 11 : 5$ aufzuteilen, ein Resultat, das wir auch bei PASCAL im Kapitel 4, Abschnitt d) über das arithmetische Dreieck, angetroffen haben. Allgemein gilt

$$p_A(m,n) = \frac{\sum_{i=0}^{n-1}\binom{m+n-1}{i}}{2^{m+n-1}} = \frac{\Sigma n}{\Sigma n + \Sigma m}$$

und

$$p_B = 1 - p_A.$$

Die Bezeichnung Σn stammt aus dem Kapitel 4 und bedeutet die Summe der n ersten Zahlen in der Basis No. $m+n$ des PASCALschen Dreiecks, wenn man von 1 an zu zählen beginnt. Nachstehende Figur zeigt das arithmetische oder PASCALsche Dreieck in üblicher Form. Für den Fall $m = 2$, $n = 3$ ist die Basis No. 5 von Bedeutung.

```
            1                 m = 2
         1     1              n = 3
      1     2     1
   1     3     3     1
┌───────────────┐ ┌──────────┐
│1     4     6  │ │4      1  │   m + n = 5
└───────────────┘ └──────────┘
   Σ3 = 11          Σ2 = 5
```

Abb. 46

Höchst bemerkenswert ist die Tatsache, daß sich auch LEIBNIZ – in ähnlichem Sinne wie FERMAT – mit dem Teilungsproblem beschäftigte. Während seines Pariseraufenthaltes wurde er mit den Arbeiten von PASCAL und HUYGENS zur Wahrscheinlichkeitsrechnung bekannt. Hingegen scheint er von den Untersuchungen FERMATS nichts gewußt zu haben.

In einer dreiteiligen, 1676 entstandenen Studie wird auch das Teilungsproblem für den Fall $m = 2$, $n = 3$ abgehandelt. Ansatzmäßig versucht er *proportionale* Zusammenhänge zwischen den Gewinnwahrscheinlichkeiten p_A und p_B einerseits und der Zahl der noch zu spielenden Partien m und n andererseits zu finden. Doch es unterlaufen ihm Fehler, indem er schon bei der Berechnung der Gewinnwahrscheinlichkeiten kombinatorische Figuren in unstatthafter Weise als gleichwahrscheinlich interpretiert. Überhaupt scheint LEIBNIZ – nach eigenen Aussagen – von seiner Methode nicht ganz überzeugt gewesen zu sein. Im Gegensatz zur Infinitesimalrechnung, wo LEIBNIZ das PASCALsche Gedankengut zu höchster formaler Vollendung gebracht hat, ist ihm Vergleichbares im Bereiche der Wahrscheinlichkeitsrechnung nicht gelungen. Dieser Umstand mag vielleicht paradox erscheinen, wenn man die Komplexität der beiden Bereiche Infinitesimalrechnung und Wahrscheinlichkeitsrechnung vergleicht (für nähere Einzelheiten siehe [55, p. 110–113]).

Die kombinatorische Lösungsmethode von FERMAT wird in einem Brief, den PASCAL am 24. August 1654 an FERMAT richtete, analysiert [1, p. 84–89]. Hier wird gezeigt, daß sich die Methode von FERMAT nicht ohne weiteres auf *drei Spieler* übertragen läßt. Am Beispiel von (1, 2, 2) (A benötigt noch einen, B und C noch je zwei Punkte bis zum Sieg) konstruiert PASCAL ein falsches Verhältnis $16 : 5\frac{1}{2} : 5\frac{1}{2}$, das er gegenüber dem richtigen Verhältnis $17 : 5 : 5$ abzugrenzen versucht [1, p. 86–89], [27, p. 92–94].

PASCAL hat mit der Lösung des Teilungsproblems («la répartition du hasard dans le jeu») einem neuen Zweig der Mathematik, nämlich der *klassischen Wahrscheinlichkeitsrechnung* [54], die Tore geöffnet.

Der bereits oben erwähnten *Adresse à l'Académie parisienne* [1, p. 1402–1404] können wir entnehmen, daß PASCAL die grundsätzliche Bedeutung der mathematischen Modellbildung im Bereich des Zufalls (*La géométrie aléatoire*) klar erkannt hat:

> «Et c'est là certes ce qu'il faut d'autant plus chercher par le raisonnement, qu'il est moins possible d'être renseigné par l'expérience.»
>
> [«Und in dieser Sache muß man umso mehr der abstrakten Überlegung folgen, je weniger uns die Erfahrung lehrt.»]

Und weiter unten bemerkt PASCAL abschließend, daß gewisse Probleme des Zufalls dank der Mathematik auf eine exakte Wissenschaft (art exact) abgestützt werden konnten. Obschon bei PASCAL und FERMAT weder ein Wahrscheinlichkeitsbegriff explizite erscheint, noch die Regeln, nach denen man mit ihm rechnet, kann der Briefwechsel, den die beiden großen französischen Mathematiker im Sommer 1654 geführt haben, als «Genesis der klassischen Wahrscheinlichkeitsrechnung» bezeichnet werden.

Der Wahrscheinlichkeitsbegriff, der schon von ARISTOTELES diskutiert wird, spielt auch bei PASCAL im erkenntnistheoretisch-philosophischen Kontext eine Rolle. Es betrifft dies einmal die Angriffe PASCALs auf die sog. *Kasuistik* der Jesuiten [1, p. 1061 ff] sowie die berühmte und oft analysierte «Wette um die Existenz Gottes» (Le pari), die in den *Pensées* abgehandelt wird [1, p. 1212 ff]. Dieser Fragenkomplex bleibt aber dem Kapitel vorbehalten, das dem «PASCALschen Kosmos» gewidmet ist.

Die Entwicklung der Wahrscheinlichkeitsrechnung nach PASCAL und FERMAT

Als der große holländische Mathematiker und Physiker CHRISTIAAN HUYGENS 1655 in Paris weilte, hat er von den Untersuchungen von FERMAT und PASCAL über die Glücksspiele Kenntnis erhalten. Die zugrundeliegenden Methoden blieben aber geheim. Durch die neuartigen Probleme angeregt, verfaßte HUYGENS die kleine Abhandlung *Van reckeningh in spelen van geluck*. Die lateinische Übersetzung *De ratiociniis in ludo aleae* [Über die Berechnungen im Würfelspiel] wurde 1657 einem Werk von FRANS VAN SCHOOTEN eingegliedert. Bezeichnend für die Bescheidenheit und die Ehrlichkeit von HUYGENS ist der aus der Vorrede stammende Passus:

> «Man sollte übrigens wissen, daß schon seit einiger Zeit einige von den berühmtesten Mathematikern von ganz Frankreich sich mit dieser Art

Abb. 47
CHRISTIAAN HUYGENS.

Rechnung abgegeben haben, damit niemand mir die Ehre der ersten Erfindung, die mir nicht zukommt, zuschreiben möge. Aber obwohl diese Männer sich gegenseitig mit vielen schweren Fragen auf die Probe stellten, haben sie doch ihre Methoden nicht aufgedeckt. Daher war ich genötigt, alles von Anfang an selbst zu untersuchen und zu ergründen; und deshalb weiß ich auch noch nicht, ob wir von dem gleichen ersten Prinzip ausgegangen sind.»

Die Abhandlung von HUYGENS ist streng systematisch auf dem Begriff des *Erwartungswertes* oder der «mathematischen Hoffnung» aufgebaut. Im Gegensatz zu PASCAL, der diesen Begriff undefiniert auch verwendet, findet man bei HUYGENS die folgende Erklärung:[55]

«Wenn die Anzahl der Fälle, in denen ich die Summe a erhalte, gleich p, und die Anzahl der Fälle, in denen ich die Summe b erhalte, gleich q ist und ich annehme, daß alle Fälle gleich leicht eintreten können, so ist der Werth meiner Hoffnung gleich $\frac{pa + qb}{p + q}$.»

Eine entscheidende Wende in der Entwicklung der «géométrie aléatoire», um mit PASCAL zu sprechen, brachte das grundlegende Werk *Ars conjectandi* (Mutmaßungskunst) von JAKOB BERNOULLI. Es erschien postum im Jahre 1713 und vollzog mit dem *Gesetz der großen Zahl*[56] den genialen Brückenschlag zwischen Wahrscheinlichkeitsrechnung und Statistik.

Von großer Bedeutung ist die Tatsache, daß BERNOULLI sich von der Beschränkung auf «gleichwahrscheinliche» Ereignisse löst. Für ihn ist auch die Gesamtheit der möglichen, statistischen Beobachtungen ein im Sinne der Wahrscheinlichkeitsrechnung meßbares Kollektiv [46, p. 163–170]. Mit der *Ars conjectandi* hat die Wahrscheinlichkeitsrechnung ein reiches und praxisnahes Anwendungsfeld gefunden, das weit über die Glücksspielproblematik hinausweist. Sämtliche Naturwissenschaften und seit 1945 auch die Wirtschafts- und Sozialwissenschaften stützen sich auf statistische Methoden ab, die ihrerseits in Wahrscheinlichkeitsmodellen begründet sind.

Pionierarbeit im Bereiche der Versicherung hat JOHN GRAUNT geleistet. Aufgrund von Aufzeichnungen hat er 1662 – also im Todesjahr von PASCAL – die erste Sterbetafel berechnet und damit die Basis für einen soliden Ausbau der *Lebensversicherungsmathematik* geschaffen.

Im 18. und 19. Jahrhundert haben bedeutende Mathematiker wie DE MOIVRE, CONDORCET, D. BERNOULLI, EULER, LAPLACE, GAUSS, BERTRAND, POINCARÉ, MARKOV und viele andere die Wahr-

JACOBI BERNOULLI,
Profeff. Bafil. & utriufque Societ. Reg. Scientiar.
Gall. & Pruff. Sodal.
MATHEMATICI CELEBERRIMI,

ARS CONJECTANDI,

OPUS POSTHUMUM.

Accedit

TRACTATUS
DE SERIEBUS INFINITIS,

Et EPISTOLA Gallicè fcripta
DE LUDO PILÆ
RETICULARIS.

BASILEÆ,
Impenfis THURNISIORUM, Fratrum.
cIɔ Iɔcc XIII.

Abb. 48
Titelblatt der *Ars conjectandi* von Jakob Bernoulli.

ERGEBNISSE DER MATHEMATIK
UND IHRER GRENZGEBIETE
HERAUSGEGEBEN VON DER SCHRIFTLEITUNG
DES
„ZENTRALBLATT FÜR MATHEMATIK"
ZWEITER BAND

3

GRUNDBEGRIFFE DER
WAHRSCHEINLICHKEITS-
RECHNUNG

VON

A. KOLMOGOROFF

BERLIN
VERLAG VON JULIUS SPRINGER
1933

Abb. 49

scheinlichkeitsrechnung in Theorie und Praxis bereichert, doch eine Gesamtkonzeption der «Mathematik des Zufalls» ließ auf sich warten.

Noch zu Beginn des 20. Jahrhunderts wurde die Wahrscheinlichkeitsrechnung keineswegs als eigenständige Disziplin betrachtet, was schon daraus hervorgeht, daß HILBERT im Jahre 1900 die *axiomatische Begründung* der Wahrscheinlichkeitsrechnung in die Liste der wichtigsten ungelösten Probleme der Mathematik aufgenommen hat.

Eine allseits anerkannte Lösung brachte der russische Mathematiker A. N. KOLMOGOROFF, der 1933 mit seiner Abhandlung *Grundbegriffe der Wahrscheinlichkeitsrechnung* (Abb. 49) diese Disziplin – um mit A. RÉNYI zu sprechen – in den «Blutkreislauf» der modernen, formalistischen Mathematik eingeschaltet hat.

Zusammenfassung

Über 200 Jahre hinweg sind bedeutende Mathematiker der Renaissance und des Barocks an der Lösung eines scheinbar einfachen Problems über Glücksspiele gescheitert. Dies geschah nicht zuletzt infolge einer unzulässigen Übertragung anerkannter Proportional-Methoden auf neuartige, stochastische Problemstellungen.

FERMAT und besonders PASCAL haben 1654 mit Hilfe neuer Methoden die «Glücksspielmathematik» oder die «klassische Wahrscheinlichkeitsrechnung» begründet. Die Begriffe «Gewinnwahrscheinlichkeit» und «erwarteter Gewinn» bilden – wenn auch nicht explizite definiert – die Grundlage der neuen Disziplin, deren Tragweite für die Zukunft PASCAL mit äußerster Klarheit erkannt hat.

6 Der Weg zur Infinitesimalrechnung

Einleitung

J. v. NEUMANN, einer der hervorragendsten Mathematiker des 20. Jahrhunderts, hat sich wie folgt geäußert [24, p. 70]:

> «Die Infinitesimalrechnung bezeichnet den Anfang der modernen Mathematik; es ist schwer, ihre Bedeutung zu überschätzen, und sie bildet den größten, technischen Fortschritt im exakten Denken.»

Man kann innerhalb der Infinitesimalrechnung vier Problemkreise unterscheiden:

- Bewegungsproblem
- Tangentenproblem
- Extremalproblem
- Quadraturen und Kubaturen.

Bekanntlich finden sich die ersten Ansätze zur Lösung einiger der genannten Probleme in der griechischen Antike. Sie sind mit dem Namen von ARCHIMEDES v. Syrakus verbunden. Dieser hat seine Sätze, resp. Vermutungen, aufgrund von mechanisch-heuristischen Überlegungen aufgestellt, sie aber nachher mit der sogenannten *Exhaustionsmethode* (Ausschöpfungsmethode) nach EUDOXOS bewiesen. Hierbei verwendete ARCHIMEDES die strenge, indirekte Beweismethode, der sogenannten *Exklusion* oder «Methode durch *reductio ad absurdum*». Mit Ausnahme eines einzelnen Problems – im Zusammenhang mit der Spirale – hat sich ARCHIMEDES als Mathematiker vorwiegend mit Quadraturen und Kubaturen beschäftigt [23, p. 354 ff].

Die Situation im 17. Jahrhundert zur Zeit PASCALS

Um die Mitte des 17. Jahrhunderts haben sich in einigen westeuropäischen Ländern (vor allem in Italien, Frankreich, England und Deutschland) mehrere bedeutende Mathematiker fast gleichzeitig mit infinitesimalen Problemen auseinandergesetzt. Die antiken Quellen wurden neu entdeckt, weitergeführt und z.T. modifiziert. PASCAL begann sich erst in seiner letzten Lebensphase (ab 1657) intensiv mit der Infinitesimalrechnung zu beschäftigen. Er konnte sich hierbei abstützen auf gewisse Vorarbeiten von ROBERVAL, DESCARTES, FERMAT, GRÉGOIRE DE ST. VINCENT[57], TORRICELLI und vor allem auf CAVALIERI. ROBERVAL, Professor in Paris und mit PASCAL befreundet, fand bereits 1634 (nach dem Studium von ARCHIMEDES) die Fläche unter einer gemeinen Zykloide. Der flämische Jesuit GRÉGOIRE DE ST. VINCENT hat als erster den natürlichen Logarithmus als Fläche unter der Hyperbel $y = \frac{1}{x}$ erkannt. Im Zusammenhang mit gewissen Volumenberechnungen hat er PASCAL direkt beeinflußt.[58] RENÉ DESCARTES behandelte in seiner «Géométrie» bereits das Tangentenproblem für eine einfache Klasse von Funktionen.

Besonders bedeutsam sind FERMATS umfaßende Pionierarbeiten im Bereiche der Infinitesimalrechnung. Bereits vor 1636 ist ihm die Bewältigung gewisser Integrale gelungen.[59] Mit seiner «Pseudo-Gleichheitsmethode» [7, p. 7ff] löste er Tangenten- und Extremalprobleme auf eine Art und Weise, die dem modernen Differentialkalkül recht nahe steht.

Vor allem aber ist es BONAVENTURA CAVALIERI, ein Schüler von GALILEI, der mit seiner *Indivisibilien-Geometrie* bereits 1630 konkrete Resultate erzielte und viele Mathematiker direkt oder indirekt angeregt hat. Mit seinem im Jahre 1635 erschienen Buch «*Geometria indivisibilibus ...*» setzte er einen Markstein in der Aufbauphase der Infinitesimalrechnung. Grundlegend in seiner Theorie sind die sogenannten «Indivisibilien» («Unteilbare»), welche durch Bewegung (Fließen, *fluxus*) das Kontinuum der nächst höheren Dimension erzeugen. Durch geschicktes Kombinieren solcher Indivisibilien läßt sich etwa die Flächengleichheit von Figuren nach dem sogenannten *Cavalierischen Prinzip* nachweisen:

«Schneidet jede Parallele einer Parallenschar aus zwei ebenen Figuren je gleichlange Strecken (Indivisibilien) $\overline{AB}$ resp. $\overline{A'B'}$ heraus, so sind die beiden Figuren inhaltsgleich» (Abb. 50).

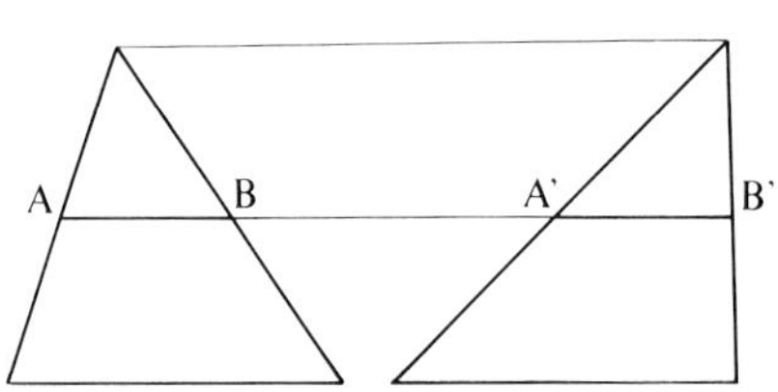

Abb. 50

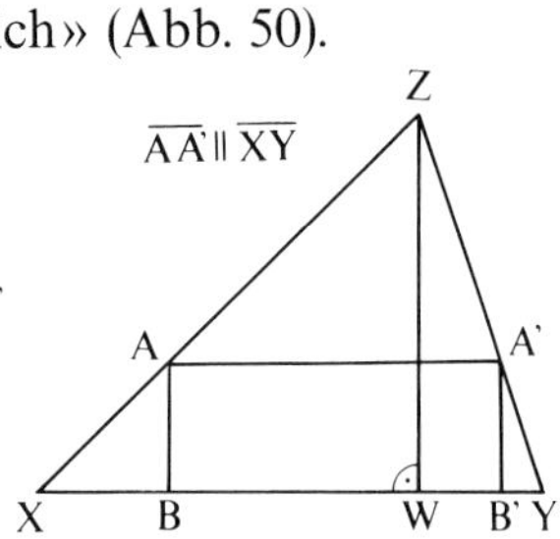

Abb. 51

Wie gefährlich das Operieren mit Indivisibilien ganz allgemein sein kann, zeigt Abb. 51, wo mit Hilfe der zugeordneten *Paare* von Indivisibilien $\overline{AB}$ und $\overline{A'B'}$ die vermeintliche Flächengleichheit der rechtwinkligen Teildreiecke nachgewiesen werden könnte. In der Tat haben verschiedene Mathematiker, u.a. FERMAT sowie die Jesuiten TACQUET und PAUL GULDIN an der CAVALIERIschen Doktrin Kritik geübt. GULDIN stammte aus St. Gallen, war jüdischer Abstammung und konvertierte später zum Katholizismus. Nach ihm ist die bekannte «Volumenregel»[60] benannt.

An dieser Stelle ist auch der Jesuit HONORÉ FABRY zu nennen, ein französischer Mathematiker, Physiker und Philosoph, der später in Rom als Großinquisitor großen Einfluß ausübte. Seine dynamische Systematisierung der Indivisibiliengeometrie CAVALIERIS und der methodische Ausbau des «Fluxusbegriffes» erwiesen ihn als (lange vergessenes) Bindeglied zwischen der Mathematik der Florentinerschule und der Fluxionsrechnung im Sinne NEWTONS, wie FELLMANN in [20] gezeigt hat.

Charakterisierung der Arbeiten und Methoden von PASCAL

Einleitend ist festzuhalten, daß sich PASCAL, ganz im Sinne antiker Tradition, nur mit Quadraturen, Rektifikationen und Schwerpunktsbestimmungen auseinandersetzte und das ebenso wichtige Tangentenproblem außer Acht ließ. Gekennzeichnet durch einen typischen «Konservatismus», verweigerte PASCAL fast durchwegs eine algebraische Symbolik, obschon sie zu seiner Zeit durch VIÈTE, DESCARTES und FERMAT schon ziemlich entwickelt und bekannt war. NICOLAS BOURBAKI, anonymer Exponent der großangelegten mathematischen Enzyklopädie unserer Zeit meint dazu:

> «PASCALS Sprache ist ganz besonders klar und präzise, und wenn man auch nicht begreift, warum er sich den Gebrauch algebraischer Bezeichnungsweisen versagt, so kann man doch nur die Gewalttour, die er vollbringt, und zu der ihn allein seine Beherrschung der Sprache befähigt, bewundern» [6, p. 222–223].

Die Ausdrucksweise von PASCAL ist meist rein verbal und macht von mathematischen Symbolen fast keinen Gebrauch. Die Übersetzung in den modernen Formalismus der Integralrechnung ist möglich, sobald man den Sprachmechanismus verstanden hat. Wie diese Übersetzung geschieht, werden wir weiter unten an Beispielen vorführen.

PASCAL präzisierte oder modifizierte den von CAVALIERI eingeführten und von verschiedenen Mathematikern, z. B. TORRICELLI, benützten Begriff «ligne» (Linie = eindimensionales Indivisibel) als «infinitesimales Rechteck». Bei PASCAL bedeutet somit «Ordinate y» das Rechteck $y \cdot dx$, wobei dx ein verschwindend kleines Linienelement darstellt. In einem Brief an CARCAVY äußert sich PASCAL zu diesem Problemkreis wie folgt:

> «... es wird keine Schwierigkeiten geben, wenn ich in der Folge die Indivisibilien-Sprache verwende und etwa eine Fläche als «Summe von Linien» (somme des ordonnées) darstelle ... weil man darunter nichts anderes versteht, als eine Summe von unbestimmt vielen «infinitesimalen Rechtecken» [1, p. 232].

Ein anderes, hervorstechendes Faktum im infinitesimalen Werk von PASCAL ist die Art und Weise, wie er den *Funktionsbegriff* erfaßt und darstellt. Man findet ihn nur indirekt und in rein geometrischer Form als «triligne rectangle» oder «Kurvendreieck» ABC, das in Abb. 52 wiedergegeben ist.

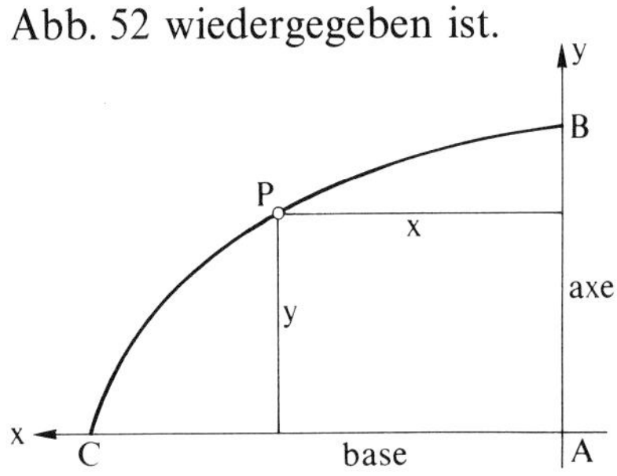

Abb. 52
Triligne rectangle («Kurvendreieck»).

Die monoton fallende Kurve BPC veranschaulicht eine **beliebige** (stetige) **Funktion.** Damit geht PASCAL einen wesentlichen Schritt weiter als DESCARTES, der in seinen Untersuchungen nur Funktionen zuläßt, die sich analytisch in geschlossener Form darstellen lassen (z. B. Polynome).

Die «Ordinate zur Basis» (y) heißt bei PASCAL manchmal auch «Sinus». Die «Ordinate zur Achse» (x) nennen wir heute Abszisse. Bei PASCAL findet man selbstverständlich weder ein Koordinatensystem, noch die Symbole x und y. Wir werden aber die Begriffe, Sätze und Beweisführungen oft vom Original in die heutige Sprache der Infinitesimalrechnung transformieren, nicht zuletzt, um die allgemeinen Zusammenhänge transparenter gestalten zu können. Der Stil der PASCALschen Arbeitsweise ist verständlicher, wenn man an einigen ausgesuchten, typischen Beispielen die Problematik in originaler Fassung vorträgt und anschließend in die moderne Symbolik umsetzt. Als erstes Beispiel möge eine bekannte Integration dienen.

Die Summation oder Integration der Funktion x^p

Vorerst sei darauf hingewiesen, daß das Integral

$$\int_0^a x^p\,dx, \qquad a > 0, \qquad p \in \mathbb{N}$$

bereits von CAVALIERI um 1630 bestimmt werden konnte, ja in Sonderfällen substantiell schon von ARCHIMEDES. PASCALS besondere Leistung besteht darin, daß er die besagte Integration zum erstenmal, mittels eines im heutigen Sinne mehr oder weniger exakten *Grenzüberganges*, bewältigen konnte, unter Berücksichtigung der «Ordnung des Unendlichen».

Vorarbeit zu diesem Thema hat PASCAL mit der 1654 entstandenen *Abhandlung über das arithmetische Dreieck* (*Traité du triangle arithmétique*) geleistet (cf. Kapitel 4). Im Anschluß an diese Untersuchungen (vermutlich auch um 1654) ist die Arbeit *Potestatum numericarum summa* oder *Traité des puissances numériques* entstanden [1, p. 166ff und 1427ff] oder [2, Bd. II, p. 365]. Im Zusammenhang mit der Integration von x^p meint PASCAL (in freier Übersetzung):

> «Diejenigen, die mit der Indivisibilien-Methode nur ein wenig vertraut sind, werden den Nutzen erkennen, die sie für die Berechnung von krummlinig begrenzten Flächen bringt. Diese Theorie wird uns die Quadratur von beliebigen Parabeln und vielen anderen Kurven unmittelbar erlauben» [1, p. 1432].

Ausgangspunkt ist die Formel für die Summe der p-ten Potenzen ($p \in \mathbb{N}$) der n ersten natürlichen Zahlen, die wir mit $S_n^{(p)}$ abkürzen.

$$(1) \qquad S_n^{(p)} = 1^p + 2^p + 3^p + \ldots + n^p.$$

Rechnet man $(n+1)^{p+1}$ nach dem binomischen Lehrsatz aus und setzt der Reihe nach für n die Werte $0, 1, 2, \ldots, n$ ein, so folgt nach anschließender Summation

$$(2) \qquad (n+1)^{p+1} - 1 = \binom{p+1}{1} \cdot S_n^{(p)} + \binom{p+1}{2} \cdot S_n^{(p-1)} + \ldots + n,$$

wobei $\binom{p+1}{i}$ die Anzahl Kombinationen von $p+1$ Elementen zur i-ten Klasse bedeutet.

Die Gleichung (2) erlaubt es nun, $S_n^{(p)}$ in Funktion der $S_n^{(i)}$ ($i < p$) darzustellen. Aus (2) folgt:

$$(3)\quad \frac{S_n^{(p)}}{n^{p+1}} = \frac{1}{p+1}\left[\left(1+\frac{1}{n}\right)^{p+1} - \frac{1}{n^{p+1}} - \frac{\binom{p+1}{2} S_n^{(p-1)}}{n^{p+1}} - \frac{\binom{p+1}{3} S_n^{(p-2)}}{n^{p+1}} - \cdots - \frac{n}{n^{p+1}}\right].$$

Im Sinne der ARCHIMEDischen Exhaustionsmethode ist

$$(4)\quad \int_0^a x^p\,dx = \lim_{n\to\infty} \frac{a}{n} \sum_{k=1}^{n} \left(\frac{k\cdot a}{n}\right)^p = a^{p+1}\cdot \lim_{n\to\infty} \frac{S_n^{(p)}}{n^{p+1}}.$$

Aus (3) folgt aber

$$(5)\quad \lim_{n\to\infty} \frac{S_n^{(p)}}{n^{p+1}} = \frac{1}{p+1},$$

was PASCAL damit begründet, daß für große n sämtliche $S_n^{(i)}$ mit $i < p$ gegenüber n^{p+1} zu vernachlässigen sind, oder genauer

$$\lim_{n\to\infty} \frac{S_n^{(i)}}{n^{p+1}} = 0, \qquad \text{wenn } i < p.$$

Damit folgt aus (4) und (5)

$$(6)\quad \int_0^a x^p\,dx = \frac{a^{p+1}}{p+1}.$$

PASCAL verwendet in seiner Beweisführung selbstverständlich keinerlei Symbole und drückt das Resultat (6) z. B. für den Fall $p = 2$ rein verbal wie folgt aus ([1, p. 1432]):

> «La somme des carrés des même lignes est au cube de la plus grande comme 1 est à 3»

oder formal

$$(7)\quad \left[\int_0^a x^2\,dx\right] : a^3 = 1 : 3$$

Volumenberechnungen und Integraltransformationen

Abb. 53 zeigt das Titelbild eines Briefes, den PASCAL im Jahre 1658 unter dem Pseudonym A. DETTONVILLE an DE CARCAVY gerichtet hat.

Von den hier aufgeführten Arbeiten greifen wir vorerst den

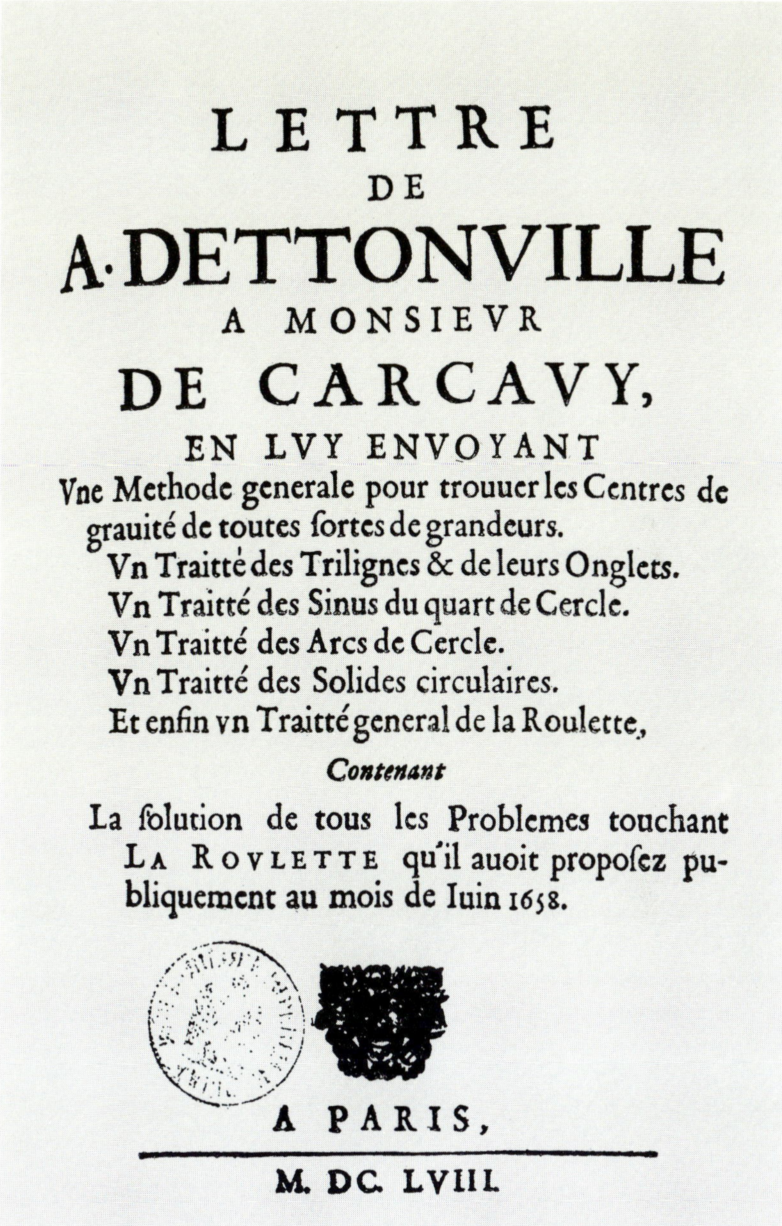

LETTRE
DE
A·DETTONVILLE
A MONSIEVR
DE CARCAVY,
EN LVY ENVOYANT
Vne Methode generale pour trouuer les Centres de grauité de toutes ſortes de grandeurs.
Vn Traitté des Trilignes & de leurs Onglets.
Vn Traitté des Sinus du quart de Cercle.
Vn Traitté des Arcs de Cercle.
Vn Traitté des Solides circulaires.
Et enfin vn Traitté general de la Roulette,
Contenant
La ſolution de tous les Problemes touchant LA ROVLETTE qu'il auoit propoſez publiquement au mois de Iuin 1658.

A PARIS,

M. DC. LVIII.

Abb. 53
Titelblatt der ersten gedruckten Sammlung von Abhandlungen über die Zykloïde, die PASCAL unter dem Pseudonym A. DETTONVILLE an CARCAVI gerichtet hat.

Traité des Trilignes Rectangles et de leurs Onglets[61] [1, p. 247 ff] heraus, der das im Titel beschriebene Thema behandelt.

Von fundamentaler Bedeutung ist der dem Kurvendreieck *ABC adjungierte Körper* oder *onglet* (Huf) *ABCK* (Abb. 55). PASCAL ließ sich hier vom flämischen Jesuiten GREGORIUS A S. VINCENTIO inspirieren, der in seinem *ductus plani in planum* (1647) den Begriff *ungula* (lat. Form von onglet) bereits verwendet hatte.

Wir wollen nun anhand der Abb. 54 und 55 erläutern, wie ein solcher adjungierter Körper entsteht, den wir «Vierflächner» nennen wollen.

Abb. 54

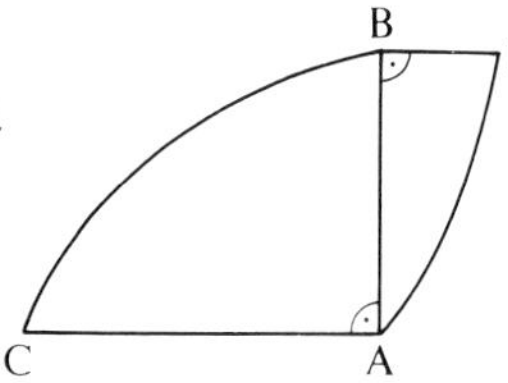

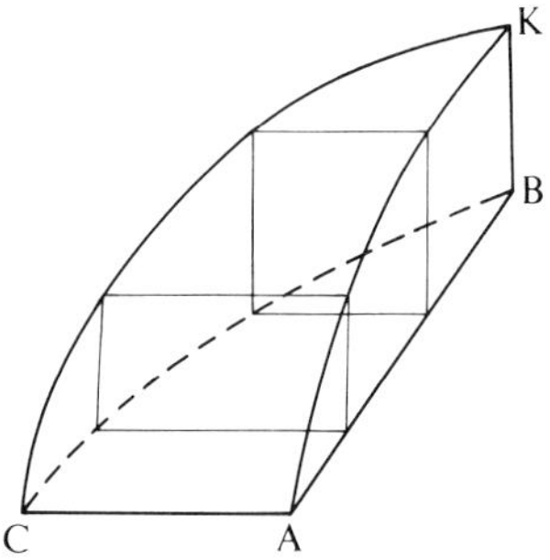

Abb. 55

Das ursprüngliche (eine beliebige Funktion repräsentierende) Kurvendreieck *ABC* wird längs der Achse *AB* durch die Kurve *ABK* ergänzt (Abb. 54). Nun denken wir uns die Fläche *ABK* so aufgeklappt, daß sie senkrecht zur Ebene von *ABC* steht (Abb. 55). Errichtet man jetzt über *ABK* und *ABC* je eine senkrechte Zylinderfläche, so schließen diese gemeinsam den *onglet* oder Vierflächner *ABCK* ein.

Wir werden nun einige wenige Sätze aus der oben aufgeführten Abhandlung im originalen Wortlaut zitieren, auf die Beweisführung PASCALS eingehen und dann den Sachverhalt in die moderne Symbolik umsetzen.

Die folgenden Sätze I und II beziehen sich auf die Originalfigur Abb. 56, resp. die umgesetzten Abb. 57 und 58. Dabei ist zu beachten, daß als ergänzende Figur speziell das *rechtwinklig-gleichschenklige Dreieck ABK* gewählt wird.

Proposition I (Satz I):

> «La somme des ordonnées à la base est la même que la somme des ordonnées à l'axe.»
>
> [«Die Summe der Basisordinaten $\overline{GE}$ ist gleich der Summe der Achsenordinaten $\overline{GR}$.»],

oder formal:

(8) $\quad \Sigma\overline{GE} = \Sigma\overline{GR}\,.$

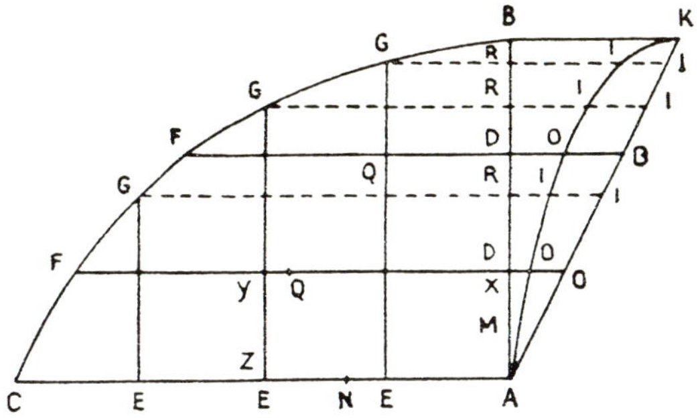

Abb. 56

Die PASCALsche Indivisibiliensprache, wie sie in der Beziehung (8) zum Ausdruck kommt, ist aber – wie früher schon dargelegt – wie folgt zu modifizieren:

(8a) $\quad \Sigma \overline{GE} \cdot \Delta x = \Sigma \overline{GR} \cdot \Delta y,$

wobei Δx und Δy infinitesimale Abschnitte auf der x-Achse ($= OA$), resp. y-Achse ($= OB$) bedeuten (Abb. 57).

In moderner Symbolik besagt (8a)

(9) $\quad \int\limits_0^a y\,dx = \int\limits_0^b x\,dy,$

was einsichtig ist, «car l'une et l'autre est égale à l'espace du triligne», wie PASCAL sich ausdrückt.

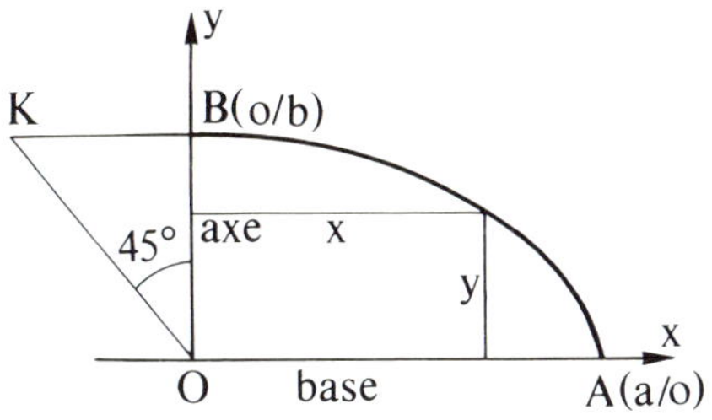

Abb. 57
Triligne rectangle («Kurvendreieck»).

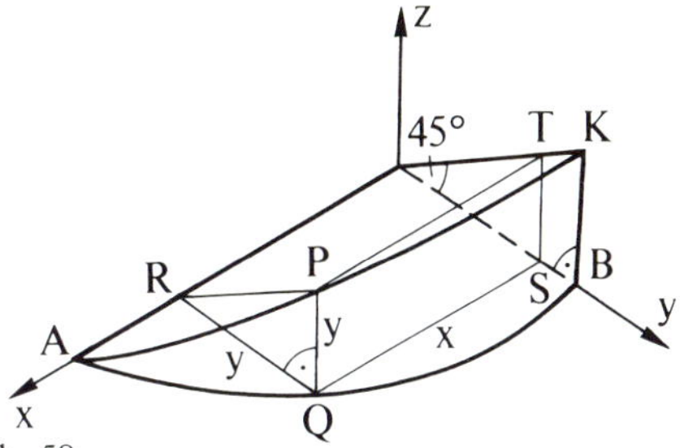

Abb. 58
Onglet adjoint («Adjungierter Körper», Huf).

Wir wenden uns jetzt einem zweiten Satz zu, dessen Inhalt weniger offensichtlich ist.

Proposition II (Satz II):

> «La somme des carrés des ordonnées à la base est double des rectangles compris de chaque ordonée à l'axe et de sa distance de la base.»

Die nachfolgende deutsche Übersetzung und der Beweis nach PASCAL beziehen sich auf die Abb. 56:

«Die Summe der Quadrate der Basisordinaten (AR) ist gleich der doppelten Summe der Rechtecke, gebildet aus der Basisordinate (DA) und der Achsenordinate (FD)», d.h.

$$(10)\qquad \Sigma\, \overline{AR}^{\,2} = \Sigma\, 2 \cdot \overline{DA} \cdot \overline{FD}\,.$$

Zum Beweis stellt Pascal fest, daß die «Summe» der Dreieckflächen ARI oder $\Sigma\, \frac{1}{2}\, \overline{AR}^{\,2}$ übereinstimmt mit der «Summe der Rechtecke», oder $\Sigma\, \overline{FD} \cdot \overline{DA} = \Sigma\, \overline{FD} \cdot \overline{DO}$, denn beidemal wird das Volumen des «onglet» $ABCK$ erzeugt.

Die Umsetzung der Pascalschen verbalen Aussage in die Leibnizsche Symbolik und ihr Beweis bringt mehr Klarheit und Präzision. In Abb. 58 ist der «onglet» in ein räumliches Koordinatensystem eingebettet.

Satz II beinhaltet dann

$$(11)\qquad \int_0^a y^2\, dx = \int_0^b 2\, x\, y\, dy,$$

oder damit äquivalent

$$(11\,\mathrm{a})\qquad \int_0^a \tfrac{1}{2}\, y^2\, dx = \int_0^b x\, y\, dy\,.$$

Wiederum stellen die linke und die rechte Seite von (11a) das Volumen des «onglet» dar und sind somit gleich. Links wird über das dreieckförmige Flächenelement PRQ oder $\frac{1}{2}\, y^2$ und rechts über das rechteckförmige Element $PQST$ oder $x\,y$ integriert. Daß diese Integration einmal nach x und ein andermal nach y erfolgt, geht aus der Pascalschen Formulierung nicht hervor.

(11a) legt die Vermutung nahe, daß hier die Methode der *partiellen Integration* in geometrischem Gewande erscheint. In der Tat läßt sich (11a) interpretieren als

$$(12)\qquad \int_0^a \tfrac{1}{2}\, y^2\, dx = \tfrac{1}{2}\, y^2\, x \Big|_{\substack{x=0\\ y=b}}^{\substack{x=a\\ y=0}} - \int_b^0 x\, y\, dy = \int_0^b x\, y\, dy\,.$$

Die weiteren Sätze in der Abhandlung über die Kurvendreiecke und ihre Adjungierten laufen auf die Relation

$$(13)\qquad \int_0^a y^n\, dx = n \int_0^b x\, y^{n-1}\, dy \qquad (n \in \mathbb{N})$$

hinaus, die wiederum einer partiellen Integration gleichkommt.

Eine weitere Gruppe von Sätzen widmet Pascal der *Beziehung zwischen den Ordinaten y* (auch «Sinus» genannt) und den

Bogenlängen s in einem Kurvendreieck OAB. Wir beschränken uns auf einen Satz in dieser Gruppe, der uns später nützliche Dienste leisten wird.

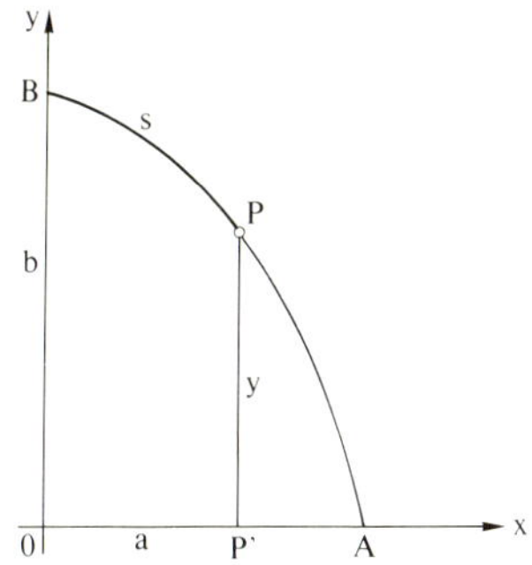

Abb. 59

Proposition III (Satz III), (Abb. 59):

> «La somme des arcs de la courbe compris entre le sommet B et chaque ordonnée à l'axe est égale à la somme des sinus (ordonnées) sur la base.»

Im wesentlichen wird der Inhalt dieses Satzes[62] wie folgt umschrieben:

$$s = \overset{\frown}{BP} = \text{Bogen zwischen der festen Spitze } B \text{ und einem variablen Punkt } P$$

$$y = \overline{PP'} = \text{Ordinate zur Achse } OA$$

$$\Sigma\, \overset{\frown}{BP} = \Sigma\, \overline{PP'},$$

was nach PASCAL bedeutet

$$\Sigma\, \overset{\frown}{BP} \cdot \Delta y = \Sigma\, \overline{PP'} \cdot \Delta s$$

oder

$$\Sigma\, s \cdot \Delta y = \Sigma\, y \cdot \Delta s\,. \tag{14a}$$

In Integralform geht (14a) über in

$$\int_0^b s\,dy = \int_0^S y\,ds\,. \tag{14b}$$

Der Beweis von (14b) verläuft analog wie jener von *Satz I*. Auch hier ist die Methode der partiellen Integration wieder erkennbar:

$$\int_0^b s\,dy = s \cdot y \Bigg|_{\substack{y=b \\ s=0}}^{\substack{y=0 \\ s=S}} - \int_S^0 y\,ds = \int_0^S y\,ds\,. \tag{15}$$

Mit Hilfe von (14a) läßt sich also eine Summation[63] von Kurven*bogen* auf eine Summation von *Ordinaten* zurückführen.

Wissenschaftshistorisch von großem Interesse und für die Weiterentwicklung der PASCALschen Methoden und Ansätze bedeutsam ist die Abhandlung mit dem Titel

Traité des sinus du quart de cercle

[Abhandlung über die «Ordinaten» im Viertelskreis] (cf. [1, p. 275ff])

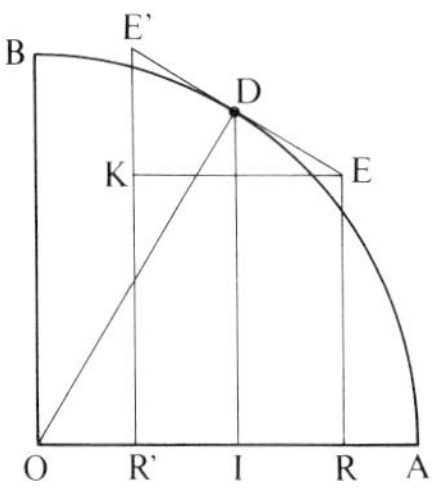

Abb. 60

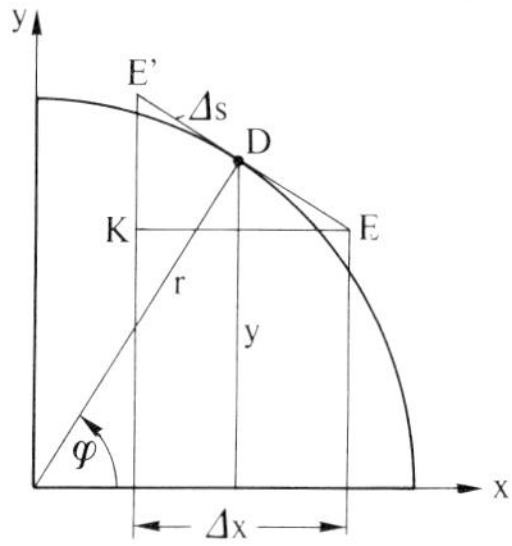

Abb. 61

PASCAL betrachtet in einem beliebigen Punkt D des Viertelkreises (Abb. 60) das (nach LEIBNIZ so benannte) *charakteristische Dreieck* EKE'. Die Hypothenuse EE' berührt den Kreis in D. In einem *Lemma* folgert PASCAL aus der Ähnlichkeit der rechtwinkligen Dreiecke ODI und EKE':

(16) $DI : OD = EK : EE'$.

Mit den heute üblichen Bezeichnungen (Abb. 61) schreibt sich (16) in der Form

(17) $y : r = \Delta x : \Delta s$,

woraus folgt

(18) $y \cdot \Delta s = r \cdot \Delta x$.

Der erste Satz in der Gruppe von Sätzen, die sich alle auf den Viertelskreis beziehen, lautet:

Proposition IV (Satz IV):

> «La somme des sinus d'un arc quelconque est égale à la portion de la base comprise entre les sinus extrêmes, multipliée par le rayon.»
>
> [«Die Summe der Ordinaten DI (oder y) eines beliebigen Bogens (von Punkt B zu Punkt C) ist gleich dem Abschnitt $x_B - x_C$ zwischen den Ordinaten von B und C, multipliziert mit dem Radius OA $(= r)$»] (Abb. 63):

(19) $\Sigma DI = (x_B - x_C) \cdot r$.

Hier sind wieder Präzisierungen notwendig, die PASCAL größtenteils selber gibt:

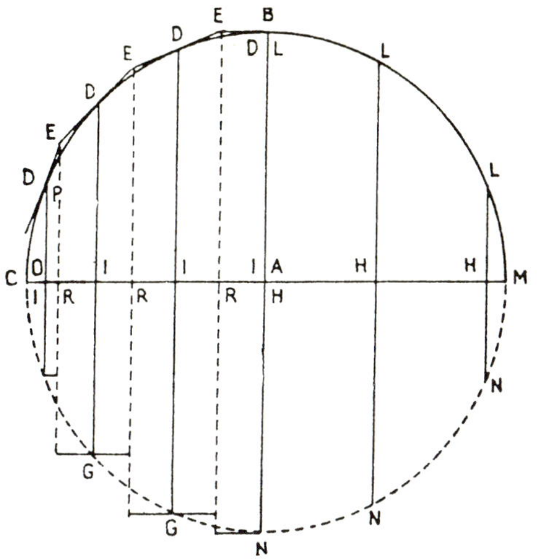

Abb. 62

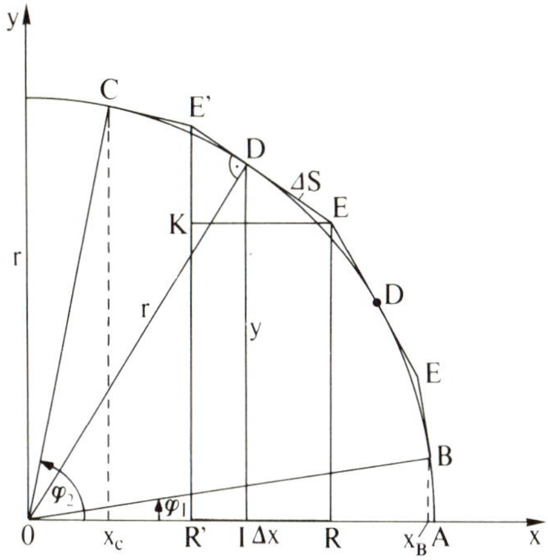

Abb. 63

a) Unter «Sinus» versteht man die Ordinate DI oder y und nicht das Verhältnis $y : r$.

b) Unter «Summe der Ordinaten» versteht man $\Sigma DI \cdot \overset{\frown}{DD}$, wobei $\overset{\frown}{DD}$ ein sehr kleines Bogenstück bedeutet.

c) Im Falle unendlich vieler Summanden kann man das infinitesimale Bogenelement $\overset{\frown}{DD}$ durch das Tangentenstück $\overline{EE'}$ ersetzen und somit statt $\Sigma DI \cdot \overset{\frown}{DD}$ in beliebiger Näherung auch $\Sigma DI \cdot \overline{EE'}$ setzen. Pascal umschreibt das so:

> «... que chaque touchante $\overline{EE'}$ est égale à chacun des petits arcs $\overset{\frown}{DD}$ ... puisqu'on sait que l'égalité est véritable quand la multitude est infinie.»

Beweis von Satz IV

Wir verfolgen die Gedankengänge von Pascal, wenden aber der Verständlichkeit und Kürze wegen die moderne Symbolik an. In diesem Fall ist Abb. 63 zu beachten, aus der hervorgeht, daß die «Summation der Sinus» vom Punkt B zum Punkt C erfolgt.

(20) $$\text{«Summe der Sinus»} = \Sigma DI \overset{\text{b)}}{=} \Sigma DI \cdot \overset{\frown}{DD}$$
$$\overset{\text{c)}}{=} \Sigma DI \cdot \overline{EE'} = \sum_{s_B}^{s_C} y \cdot \Delta s \overset{(18)}{=} -\sum_{x_B}^{x_C} r \cdot \Delta x$$
$$= r\,(x_B - x_C) = \text{Radius} \cdot \text{Abschnitt auf der Achse } OA\,.$$

Neue Aspekte zeigt eine Umsetzung in die Sprache der Integralrechnung:

$$s = r \cdot \varphi, \quad ds = r \cdot d\varphi, \quad y = r \cdot \sin\varphi, \quad x = r \cdot \cos\varphi,$$

und speziell

$$x_B = r \cdot \cos \varphi_1, \qquad x_C = r \cdot \cos \varphi_2 .$$

Aus (20) folgt dann:

$$\int_{s_B}^{s_C} y \cdot ds = \int_{\varphi_1}^{\varphi_2} r \sin \varphi \cdot r \cdot d\varphi = r(x_B - x_C) = r^2(\cos \varphi_1 - \cos \varphi_2).$$

Dividiert man auf beiden Seiten durch r^2, so folgt

$$(21) \qquad \int_{\varphi_1}^{\varphi_2} \sin \varphi \, d\varphi = \cos \varphi_1 - \cos \varphi_2 = - \cos \varphi \Big|_{\varphi_1}^{\varphi_2} .$$

Aus (21) ist ersichtlich, daß es PASCAL (in Sinne der Integralinterpretation) gelungen ist, das bestimmte Integral der Sinusfunktion auf elementargeometrische Weise zu berechnen. Damit stand er allerdings nicht allein: die Bewältigung dieses Integrals «lag in der Luft», wie die Leistungen etwa VON ROBERVAL, TORRICELLI, DEGLI ANGELI, LALOUVÈRE, FABRY und anderen zeigen (cf. [20]). Heute ist uns dieses Integral nach dem Hauptsatz der Integralrechnung unmittelbar zugänglich.

In der Abhandlung über den Viertelskreis werden weitere Sätze bewiesen, die allgemein in eine Integraltransformation der folgenden Art ausmünden:

$$(22) \qquad \int_{\varphi_1}^{\varphi_2} \sin^n \varphi \, d\varphi = - \int_{\varphi_1}^{\varphi_2} \sin^{n-1} \varphi \, d(\cos \varphi) .$$

Mit Hilfe des *Satzes IV* kann PASCAL auch die *Oberfläche* einer *Kugelzone* berechnen, die entsteht, wenn ein Kreisbogen AB um die x-Achse rotiert (Abb. 64); (dieses Resultat hatte allerdings bereits ARCHIMEDES antizipiert):

$$V_{\text{rot}} = \int_{s_A}^{s_B} 2\pi y \, ds =$$

$$- 2\pi \int_{x_A}^{x_B} r \, dx = 2\pi r(x_A - x_B) = 2\pi r h .$$

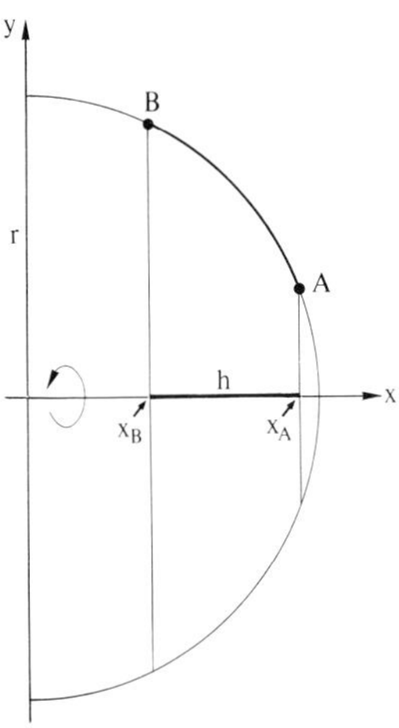

Abb. 64

Wie bereits erwähnt, hat die Abhandlung über den Viertelskreis den Polyhistor G. W. LEIBNIZ zu seiner Schöpfung eines universellen Infinitesimalkalküls inspiriert. In einem Brief an seinen Freund v. TSCHIRNHAUS vom Dezember 1679 erzählt LEIBNIZ, daß ihn HUYGENS anläßlich einer Begegnung in Paris auf die «Lettres de A. DETTONVILLE» – gemeint ist PASCAL – aufmerksam gemacht habe. Wörtlich schreibt LEIBNIZ:

> «Ego demonstrationem attentius rimatus animadverti ope trianguli characteristici infinite parvi demonstrari posse hanc propositionem generalem pro qualibet curva.»
>
> [«Nachdem ich den Beweis (von PASCAL) aufmerksam studiert hatte, bemerkte ich, daß dieser Satz ganz allgemein mit Hilfe des infinitesimalen charakteristischen Dreiecks für eine beliebige Kurve bewiesen werden kann.»]

Kurz resümiert: LEIBNIZ ist beim Studium der Arbeit über den Viertelkreis und bei der Betrachtung des Tangentendreiecks EKE' ein «Licht aufgegangen». Er erkannte, daß sich das von ihm so benannte «charakteristische Dreieck» mit den Seiten dx, dy und ds auf allgemeine Kurven oder Funktionen übertragen läßt, wobei anstelle des Kreisradius r die Normale $PN = n$ tritt (Abb. 65):

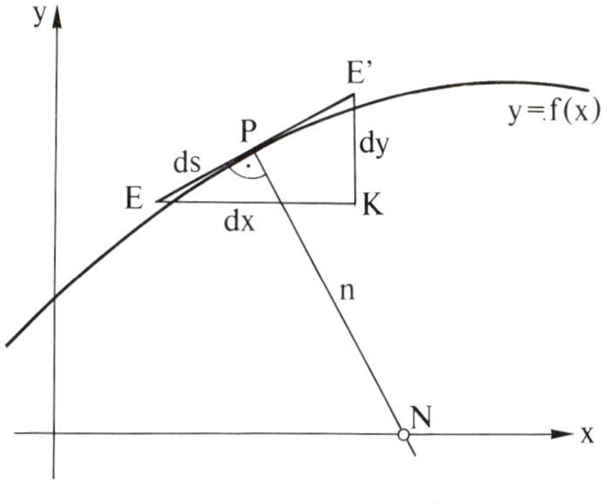

Abb. 65

Weitere Einzelheiten, die dem Einfluß PASCALS auf LEIBNIZ gewidmet sind, finden sich in [4, p. 201 ff], sowie hauptsächlich in [79].

Preisausschreiben zur Zykloide («Roulette»)

Rollt ein Kreis («reibungslos») auf einer Geraden ab, so beschreibt ein fester Punkt seiner Peripherie eine sog. *Zykloide* oder *Roulette* (Rollkurve), wie man im 17. Jahrhundert auch sagte. (Der Name «Zykloide» stammt von GALILEI.) Es ist kein Zufall, daß gerade diese

Kurve in jener Zeit besondere Aufmerksamkeit fand, denn sie ist zumindest aus kinematischer Sicht eine direkte Konsequenz der klassischen Figuren «Kreis» und «Gerade», die seit PLATON und EUKLID im Mittelpunkt der geometrischen Forschung standen (Abb. 66).

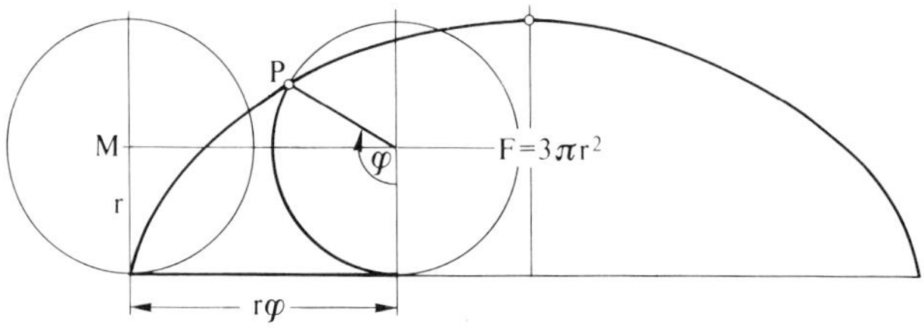

Abb. 66

Im Juni 1658 publizierte PASCAL auf Anraten seines Freundes, des Herzogs von ROANNEZ, ein anonymes Preisausschreiben, mit dem er sich an die bekanntesten Mathematiker seiner Zeit wandte. Die aufgeworfenen Fragen betrafen *Flächeninhalt*, *Volumen* und *Schwerpunktslage* geometrischer Figuren im Umfeld der *Zykloide*. WREN in London, DE SLUSE aus Liège, CHR. HUYGENS, JOHN WALLIS aus Oxford und der Jesuit LALOUVÈRE aus Toulouse nahmen die Herausforderung an. Die Einsendungen zum Wettbewerb wurden auf den Stichtag 1. Oktober 1658 verlangt, und es war ein Gesamtpreis von 60 spanischen Dublonen ausgesetzt. PASCAL revidierte am 7. Oktober 1658 die Wettbewerbsbedingungen und kündigte eine *Geschichte der Zykloide* (*Histoire de la Roulette*) an (cf. [1, p. 194ff]). Darin wird vermerkt, daß der Wissenschaftskoordinator Pater MERSENNE bereits 1615 auf das Problem der Zykloide hingewiesen habe.

Von GALILEI wird behauptet, daß er sich lediglich empirisch mit dieser Kurve auseinandergesetzt habe. Professor ROBERVAL hingegen sei bereits 1634 eine spezielle Quadratur der Zykloide gelungen: Die Fläche unter der Zykloide (nach einmaliger Abrollung) ist gleich dem dreifachen Flächeninhalt des erzeugenden Kreises (Abb. 66). Schließlich werden auch Ansätze von DESCARTES und FERMAT erwähnt und letzterem die Methode *de maximis et minimis* zugesprochen. GALILEI, und später sein Schüler und Nachfolger TORRICELLI, seien von diesen Untersuchungen in Kenntnis gesetzt worden, und letzterer habe dann die Resultate unter seinem Namen veröffentlicht.

Wir wollen diesen wenig erfreulichen Prioritätsstreitigkeiten – man kann sie im zweiten Band M. CANTORS *Vorlesungen über Geschichte der Mathematik* [14] nachlesen – nicht näher nachgehen und lediglich noch anmerken, daß PASCAL zumindest die *erste Rektifikation der Zykloide* durch WREN lobend erwähnte (WREN wies beispielsweise nach, daß ein voller Bogen der Zykloide gleich dem vierfachen Durchmesser des erzeugenden Kreises ist). Am 25. November 1658 erschien das Urteil des Preisgerichtes, das unter dem Präsidium des Parlamentsrates PIERRE DE CARCAVY stand. Es hatte sich nur mit zwei Arbeiten zu beschäftigen, nämlich mit jenen von LALOUVÈRE und WALLIS. Doch auch diese wurden des ausgesetzten Preises nicht als würdig befunden. K. HARA hat in einer sehr ausführlichen und fundierten Abhandlung zu den Umständen und Konsequenzen dieser Ablehnung Stellung genommen [26].

Schließlich erschienen im Januar 1659 PASCALS eigene Lösungen unter dem Titel

Traité général de la Roulette

Die Abhandlung [1, p. 304ff] war unterzeichnet mit AMOS DETTONVILLE, ein Pseudonym, das als Anagramm aus LOUIS DE MONTALTE (Pseudonym der «Provinzialbriefe») hervorgeht.

Um PASCALS Methode möglichst transparent gestalten zu können, beschränken wir uns auf den Fall der *Flächenberechnung* unter der Zykloide. Volumen- und Schwerpunktsermittlungen würden nach einem analogen Schema verlaufen, allerdings von vielen technischen Details belastet.

Die allgemeine Leitidee zur Bewältigung verschiedenartigster Quadraturen an der Zykloide beruht auf der Transformation relevanter Zykloiden-Elemente (wie z.B. die Ordinaten $\overline{PC}$) auf solche des erzeugenden Kreises. Für diesen stehen gewisse Sätze aus anderen Abhandlungen bereit, deren Resultate dann verwendet werden.

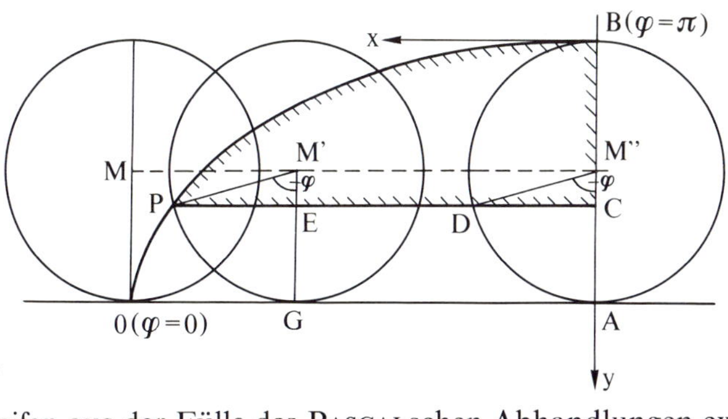

Abb. 67

Wir greifen aus der Fülle des PASCALschen Abhandlungen exemplarisch den Fall der Flächenberechnung heraus und versuchen, den

originalen Gedankengang – allerdings unter Verwendung moderner Abkürzungen – klar zu machen.

In Abb. 67 ist nach Abrollung um den Winkel φ der Kreis mit Mittelpunkt M' zu erkennen, d. h. es ist $\overline{OG} = \widehat{PG}$. Nach einer Abrollung um $\varphi = \pi$ ist der Punkt B der Zykloide erreicht. Gesucht ist die schraffierte Fläche F^{π}_{φ}, die vom Zykloidenbogen $\widehat{PB}$, der Ordinate $\overline{PC}$ und einem Teil $\overline{BC}$ des Durchmessers $\overline{AB}$ begrenzt wird.

In einem *Lemma* vermerkt PASCAL, daß die Zykloidenordinate $\overline{PC}$ (als fundamentales Element der Flächenberechnung) gleich der Summe aus dem Kreisbogen $\widehat{BD}$ und der halben Kreissehne $\overline{CD}$ ist; diese Summe nennt PASCAL «Ligne mixte», also

$$\overline{PC} = \widehat{BD} + \overline{CD}, \tag{23}$$

denn

$$\overline{CD} = \overline{PE} \quad \text{und} \quad \widehat{BD} = \widehat{BA} - \widehat{DA} = \overline{OA} - \overline{OG} = \overline{CE}.$$

Mit Hilfe des *Lemmas* (23) kann PASCAL die Summation, resp. Integration über die Zykloidenordinaten zurückführen auf die Summation der Kreisbogen $\widehat{BD}$ sowie der Summation über die Kreis-Halbsehnen $\overline{CD}$, d.h.

$$\Sigma \overline{PC} = \Sigma(\widehat{BD} + \overline{CD}) = \Sigma \widehat{BD} + \Sigma \overline{CD}. \tag{24}$$

Im Sinne der üblichen Präzisierung bedeutet (24) aber

$$\Sigma \overline{PC} \cdot \Delta y = \underbrace{\Sigma \widehat{BD} \cdot \Delta y}_{S_1} + \underbrace{\Sigma \overline{CD} \cdot \Delta y}_{S_2}. \tag{25}$$

Die Summation S_2 ist leicht durchzuführen; sie resultiert im Flächeninhalt des Kreisabschnittes BCD, der aus dem Kreissektor $M''BD$ und dem rechtwinkligen Dreieck $M''CD$ zusammengesetzt ist:

$$S_2 = \Sigma \overline{CD} \cdot \Delta y = r^2 \frac{\pi - \varphi}{2} + \frac{1}{2} r^2 \cos\varphi \sin\varphi. \tag{26}$$

Zur Bewältigung der Summe S_1 sind einige Vorbemerkungen und Ergänzungen nötig.

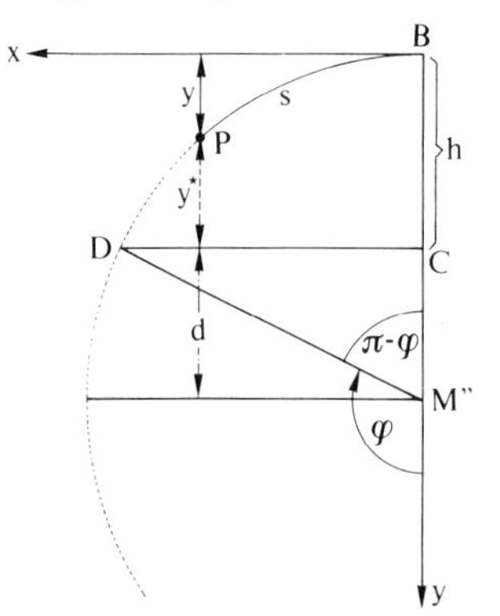

Abb. 68

(In Abb. 68 ist der Kreis mit Mittelpunkt M'' reproduziert und der Rollwinkel $\varphi > \frac{\pi}{2}$ gewählt, damit die Anwendung der PASCALschen Sätze leichter verdeutlicht werden kann.)

Wir haben uns mit der Summation über die Kreisbogen $\widehat{BP} = s$ (P = laufender Punkt auf dem festen Bogen $\widehat{BD}$) zu beschäftigen:

$$(27) \qquad S_1 = \Sigma\, \widehat{BP} \cdot y = \sum_{y=0}^{h} s \cdot \Delta y\,.$$

Im Zentrum unserer Betrachtung steht das *Kreisbogendreieck* (triligne circulaire) BCD, dessen Ordinaten bezüglich CD wir mit y^* bezeichnet haben.

Aus der Abb. 68 folgt:

$$y = h - y^*$$

und somit

$$(28) \qquad S_1 = \sum_{y=0}^{h} s \cdot \Delta y^* = -\sum_{y^*=h}^{0} s \cdot \Delta y^*\,.$$

Jetzt ist die Umformung von S_1 soweit gediehen, daß *Satz III*, resp. (14a) zur Anwendung gelangt:

$$(29) \qquad S_1 = -\sum_{y^*=h}^{0} s \cdot \Delta y^* = \sum_{s=0}^{r(\pi-\varphi)} y^* \cdot \Delta s\,.$$

Damit ist S_1 als eine Summe von Ordinaten y^* im Kreisbogendreieck BCD dargestellt. Mit Summationen verschiedenster Art in solchen Figuren setzt sich PASCAL im *Traité des arcs de cercle* (cf. [1, p. 283 ff]) auseinander.

Mittels einer kleinen Modifikation läßt sich nun (29) auf eine Summation von Ordinaten ($y^* + d$) im Viertelskreis umschreiben. Damit kann PASCAL letztlich wieder den wichtigen *Satz IV* aus dem *Traité des sinus du quart de cercle* anwenden:

$$\begin{aligned} S_1 &= \Sigma\, y^* \Delta s = \Sigma\,(y^* + d)\,\Delta s - \Sigma\,(d \cdot \Delta s) \\ &\overset{\text{(Satz IV)}}{=} \Sigma\,(r \cdot \Delta x) - d \cdot r(\pi - \varphi) \\ &= r(x_D - x_B) + r^2(\pi - \varphi)\cos\varphi \\ &= r^2 \sin\varphi + r^2(\pi - \varphi)\cos\varphi\,. \end{aligned}$$

Somit ergibt sich

$$F_\varphi^\pi = S_1 + S_2$$

$$= \frac{r^2}{2}\,[\pi - \varphi + \cos\varphi\,\sin\varphi + 2\sin\varphi + 2(\pi - \varphi)\cos\varphi]$$

und für $\varphi = 0$ resultiert die Gesamtfläche der Halbzykloide als

$$F_0^\pi = 3 \cdot \frac{r^2\pi}{2}\,.$$

Damit ist das bereits von ROBERVAL gefundene Resultat bestätigt.

Zusammenfassend können wir in der Vorgehensweise von PASCAL im wesentlichen zwei Schritte erkennen:

1. Rückführung der relevanten Zykloidenelemente auf solche des erzeugenden Kreises.
2. Verwendung einer Reihe von Sätzen über «Kreisbogendreiecke», die auf gewisse Integraltransformationen hinauslaufen.

Ergänzungen und abschließende Würdigung

Die Arbeiten PASCALS im Bereiche der Quadraturen (Integralrechnung) sind recht vielfältig, weit zerstreut und oft schwer lesbar. Aus der Fülle des Angebots haben wir einige typische Probleme exemplarisch angesprochen und z.T. in allen Einzelheiten vorgeführt. (Eine vollständige Liste der infinitesimalen Abhandlungen PASCALS findet sich u.a. in [4], p. 137.) Nachfolgend werden noch gewisse physikalische Fragestellungen berührende Ergänzungen angeführt.

a) In einem Brief an CARCAVY vom Jahre 1658 (cf. [1, p. 224ff]) prägt PASCAL u.a. den Begriff der *Triangularsumme* (somme triangulaire), den er geschickt dem Hebelgesetz und der *Schwerpunktsbestimmung* zuzuordnen versteht.
Die Triangularsumme T (bereits bei den Pythagoreern als Dreieckszahlen $D_n = 1 + 2 + \ldots + n$ bekannt) wird für beliebige Größen $x_1, x_2, \ldots, x_n$ wie folgt definiert:

$$\begin{array}{r} x_1 + x_2 + x_3 + \ldots + x_n \\ x_2 + x_3 + \ldots + x_n \\ x_3 + \ldots + x_n \\ \\ x_n \\ \hline T = x_1 + 2x_2 + 3x_3 + \ldots + n \cdot x_n\,. \end{array}$$

Überträgt man die Definition von T auf die infinitesimalen Rechtecke $x_i \cdot \Delta y$ im Kurvendreieck OAB, so folgt

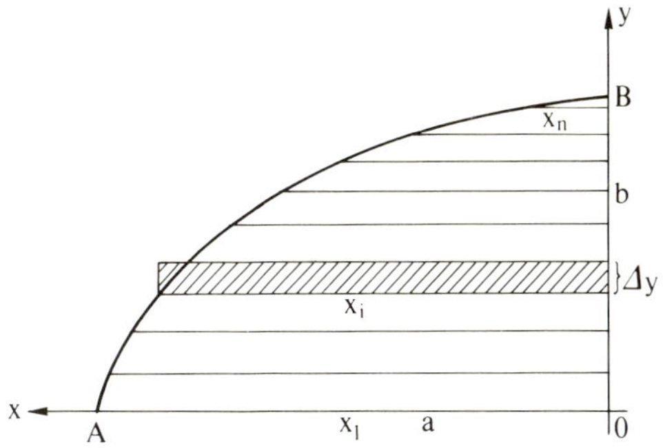

Abb. 69

$$\begin{array}{r} x_1 \Delta y + x_2 \Delta y + \ldots + x_n \Delta y \\ x_2 \Delta y + \ldots + x_n \Delta y \\ \ddots \quad \cdot\, x_n \Delta y \\ \hline T = x_1 \cdot \Delta y + x_2 \cdot 2 \Delta y + x_3 \cdot 3 \Delta y + \ldots + x_n \cdot n \Delta y, \end{array}$$

oder, wenn $\Delta y \to 0$,

$$T = \int_0^b x\, y\, d y . \tag{30}$$

Dieses Integral haben wir schon einmal angetroffen, nämlich als Volumen des «onglet», wenn die adjungierte Kurve ein rechtwinklig-gleichschenkliges Dreieck ist (cf. Abb. 57 und 58 sowie Beziehung (11 a)). Andererseits erkennen wir in (30) auch das sog. *statische Moment* der (homogenen) Fläche OAB in Bezug auf die x-Achse. Damit folgt für die Ordinate y_S des Schwerpunktes der Fläche OAB:

$$y_S = \frac{\int_0^b x\, y\, dy}{\int_0^b x\, dy} .$$

b) In der Abhandlung *Petit traité des solides circulaires* [1, p. 298 ff] bestimmt Pascal *Volumen* und *Schwerpunkt* von Rotationskörpern.

c) In einem Brief an den Domherrn de Sluze behandelt Pascal *Inhalt und Schwerpunkt einer Treppe.*

d) Das Thema *Bogengleichheit von Spirale und Parabel* [1, p. 313 ff] wird in einem Brief abgehandelt, den Pascal am 10. 12. 1658 unter dem Pseudonym A. Dettonville an Monsieur

A. D. D. S. («Arnauld docteur de Sorbonne») gesandt hat. Die Rektifikation der archimedischen Spirale war um die Mitte des 17. Jhs. ein zentrales Forschungsobjekt. Sie gelang – mehr oder weniger unabhängig voneinander – u.a. CAVALIERI, GREGORIUS, TORRICELLI, ROBERVAL, PASCAL, FERMAT und FABRY. Die Tangentenkonstruktion und die Quadratur «seiner» Spirale gelang bereits ARCHIMEDES.

Das infinitesimalmathematische Werk von PASCAL, von dem wir soeben einige Leitideen und konkrete Beispiele dargelegt haben, erweckt Bewunderung und Zurückhaltung zugleich. Bewunderung hegen wir für die klare und präzise Sprache, mit der PASCAL die zahlreichen Einzelprobleme darzustellen und zu lösen versteht. Zurückhaltung müssen wir allerdings üben, wenn wir bedenken, mit welche anitquierten Instrumentarien und ohne Anlehnung an eine algebraische Symbolik PASCAL gearbeitet hat. Dies führte nicht selten zu schwerfälligen und komplexen Aussagen und hinderte ihn an einer allgemeinen Erweiterung des Forschungshorizontes. Das konsequente Umgehen des Tangentenproblems und das Verharren in rein geometrischen Vorstellungen ist vielleicht ein Grund dafür, daß ihm der entscheidende Durchbruch zur Schaffung eines *universellen Infinitesimalkalküls* versagt blieb. Doch PASCALS Genius ist mehr in der *Spontaneität* und Einmaligkeit seiner Ideen zu sehen, als in der kontinuierlichen und konsequenten Verarbeitung eines Gedankens.

7 Reflexionen über die mathematische Methode

PASCALS Beiträge zur Mathematik beschränken sich nicht nur auf einzelne Teilbereiche (z.B. Wahrscheinlichkeitsrechnung und Infinitesimalrechnung) oder spezielle Probleme und Anwendungen (z.B. die Rechenmaschine), sondern sie erstrecken sich auch auf grundsätzliche Überlegungen zur mathematischen Methode.

PASCAL ist somit nach PLATON, ARISTOTELES und EUKLID einer der ersten Wissenschaftskritiker oder Wissenschaftstheoretiker. Seine methodologischen Ausführungen zur mathematischen Denkweise finden sich in der vermutlich in den Jahren 1655–1658 entstandenen zweiteiligen Studie *De l'esprit géométrique et de l'art de persuader* [1, p. 575 ff][64].

Die Abhandlung setzt sich vor allem mit dem in der Mathematik üblichen axiomatisch-deduktiven Beweisverfahren auseinander und weist gewisse Parallelen zum *Discours de la méthode* von DESCARTES auf. Sie beginnt mit den Worten:

> «Man kann beim Studium der Wahrheit drei hauptsächliche Ziele haben. Das eine, sie zu entdecken, wenn man sie sucht; das andere, sie zu beweisen, wenn man sie besitzt; das letzte, sie vom Falschen zu unterscheiden, wenn man sie prüft.»

Wir wenden uns jetzt dem *ersten* Teil der Studie zu:

De l'esprit géométrique [Von der mathematischen Methode]

Einleitend erwähnt PASCAL eine «Idealmethode», nach welcher alles zu definieren und alles zu beweisen wäre; er kommt aber alsbald zum Schluß, daß es eine solche «vollkommene Methode» nicht geben kann. In der Folge setzt sich PASCAL mit dem Prozeß des Definierens in der Mathematik auseinander. Bei fortschreitender Analyse stoße man notwendigerweise auf *Grund-* oder *Urwörter*, die man nicht mehr weiter definieren könne. Als Beispiele für solche Urwörter, die den Charakter von *Nominaldefinitionen* (Zeichen- oder Worteinsetzungen) haben, nennt er *Zahl, Zeit, Raum, Gleichheit* etc. Für PASCAL ist das Fehlen weitergehender Definitionen eher eine Vollkommenheit als ein Mangel, denn die Urwörter sind für ihn evident und von trans-subjektiver Selbstverständlichkeit. Ähnliche Äußerungen – allerdings nur global – macht PASCAL über das Wesen der *Prinzipien* oder *Axiome*.

> «D'où l'on voit que la géométrie ne peut définir les objets ni prouver les principes.»
>
> [«Daraus sieht man, daß die Mathematik weder die Gegenstände definieren, noch die Axiome beweisen kann»] [66a, p. 58–59].

Nach HEINRICH SCHOLZ hat PASCAL mit äußerster Klarheit den Relativcharakter des Definierens und des Beweises ausgesprochen [15, p. 30ff]. Nicht die Wahrheit des mit den Anfangselementen (Definitionen und Axiomen), sondern nur die Wahrheit des deduzierten Gehaltes kann nachgewiesen werden; eine Einsicht, die in die Richtung der heutigen Auffassung von Mathematik weist. Im Gegensatz zum reinen Formalismus HILBERTscher Prägung (welcher von einer inhaltlichen Bedeutung der Anfangselemente gänzlich absieht) bezieht sich PASCAL auf das «natürliche Licht» (lumière naturelle) im Sinne einer extramethodischen Absicherung der Anfangselemente.

> «Deus fecit omnia in pondere, in numero, et mensura» [1, p. 583].
>
> [«Gott hat alles geschaffen nach Gewicht, nach Zahl und Maß.»]

Unversehens kommt nun PASCAL in seiner Studie auf den *Unendlichkeitsbegriff* in der Mathematik zu sprechen. Die Erkenntnis der *beiden Unendlichkeiten* (das unendlich Große und das unendlich Kleine) öffnet nach PASCAL den Geist für die «großen Wunder der Natur». Das sogenannte *potentiell Unendliche* ist für PASCAL gegeben; zu jeder noch so großen Zahl gibt es eine noch größere. Einige Sorgfalt verwendet PASCAL, um klar zu machen, daß auf der anderen Seite der *Raum unendlich teilbar* sei. Bemerkenswert ist die Tatsache, daß PASCAL es nicht sonderbar findet, wenn ein kleiner Raum ebenso viele «Teile» (parties) besitzt wie ein großer [66a, p. 64–65]. Vielleicht ist hier eine Aussage gemacht, die im Sinne der transfiniten Mengenlehre GEORG CANTORS eine Erklärung finden könnte. Be-

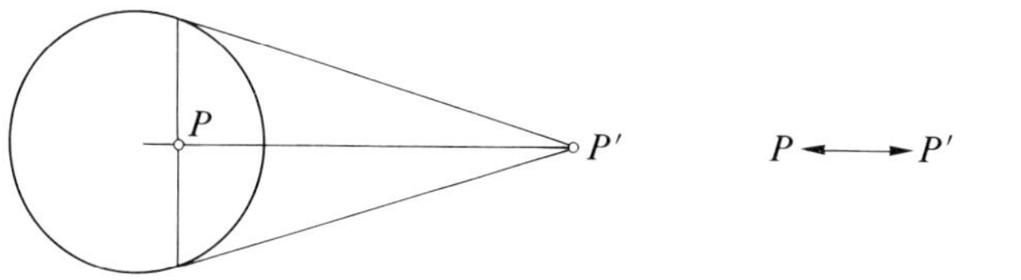

Abb. 70

kanntlich gibt es innerhalb und außerhalb eines Kreises «gleichviele» Punkte (im Sinne der Gleichmächtigkeit).

In nebenstehender Abb. 70 wird jedem Punkt P im endlichen Innern des Kreises ein-eindeutig ein Punkt P' im unbegrenzten Äußern des Kreises zugeordnet (Spiegelung am Kreis).

Die nachfolgenden Bemerkungen über die «Unteilbaren» oder «Indivisibilien» sind auch im Kontext seiner Quadraturen und Kubaturen (Kapitel 6) zu sehen. Eine «Summe von Unteilbaren» kann keine Flächenausdehnung haben, sondern nur eine Summe von der Form $\Sigma y \cdot dx$, mit y als Ordinate und dx als infinitesimales Linienelement:

> «Sur ces définitions je dis que deux indivisibles étant unis ne font pas une étendue.»
>
> [«Aufgrund dieser Definitionen sage ich, daß zwei Unteilbare, die vereint sind, keine Ausdehnung ergeben.»]

Die Reflexionen über die mathematische Methode münden gegen den Schluß in anthropologisch-philosophische Betrachtungen aus. Von jenen Menschen, die die beiden Unendlichkeiten nicht begreifen können, meint er:

> «Und obwohl sie in anderen Dingen sehr aufgeklärt sein können, werden sie es in diesen [gemeint sind die Fragen des Unendlichen] sehr wenig sein; denn man kann leicht ein geschickter Mensch und ein schlechter Mathematiker sein» [66a, p. 75].

Wie dialektisch und zum Widerspruch herausfordernd («je contredis tout») Pascal sein kann, zeigt der obengenannte Passus in Verbindung mit dem untenstehenden Zitat. Der vorerst deutlich gemachte Vorzug der mathematischen Denkweise wird nicht nur relativiert, sondern im Rahmen einer ganzheitlichen Hinterfragung der menschlichen Grundproblematik zunichte gemacht:

> «Diejenigen aber, die diese Wahrheiten klar sehen werden, werden in dieser doppelten Unendlichkeit, die uns von allen Seiten umgibt, die Größe der Macht der Natur bewundern und durch diese wunderbare Betrachtung lernen können, *sich selbst zu erkennen*, indem sie sich zwischen einer Unendlichkeit und einem Nichts an Ausdehnung, zwischen einer Unendlichkeit und einem Nichts an Zahl, zwischen einer Unendlichkeit und einem Nichts an Bewegung, zwischen einer Unendlichkeit und einem Nichts an Zeit gesetzt sehen. Daraus kann man lernen, seinen richtigen Wert einzuschätzen und *Reflexionen* anzustellen, *die mehr wert sind als der ganze Rest der Geometrie.*»

Dieses Zitat erinnert an das Fragment 84 der *Pensées*, das wir an den Schluß der Biographie (Kapitel 1) gesetzt haben [1, p. 1106]. Pascal wendet sich hier gegen das kartesianische Wissenschafts- und Weltverständnis, in dem die Meinung vorherrscht, die menschliche Vernunft (*ratio*) sei fähig, (allein) über wissenschaftliche Theorien Einsicht in das Wesen der Dinge zu erlangen.

Der *zweite* Teil der wissenschaftstheoretischen Studie von Pascal trägt den Titel:

De l'art de persuader [Von der Kunst zu überzeugen]

Sie behandelt u.a. nochmals, aber präziser als im ersten Teil, die mathematische Denkweise. Typisch für die Vorgehensweise ist die umfassende Analyse der Überzeugungskunst. Vorerst schließt Pascal die Suche nach *göttlichen Wahrheiten* von seiner Betrachtung aus, denn «Gott allein kann sie in die Seele des Menschen legen und auf die Weise, die ihm gefällt» – eine Aussage, die mit der jansenistischen Gnadenlehre konform ist. Nach Pascal gelangen Wahrheiten (unserem endlichen Verstand angepaßt) auf *zwei* Arten in die Seele, nämlich durch den Willen oder den Verstand, resp. durch das Herz oder den Geist:

> «So besteht die Kunst zu überzeugen ebensosehr in derjenigen zu *gefallen*, wie in derjenigen zu *überzeugen*.»

Die erste Art findet Pascal schwieriger und bewunderungswürdiger als die zweite und er erklärt sich gleichzeitig für unfähig, jene abzuhandeln. Somit bleibt noch die Kunst (mittels des Verstandes) *zu überzeugen*, und für diese stellt Pascal insgesamt acht *Regeln* auf, drei für *Definitionen*, zwei für *Prinzipien* oder *Axiome* und drei für *Beweise*.

I *Regeln für die Definitionen*:

1. Keines von den Dingen definieren wollen, die in sich selbst so bekannt sind, daß man keine noch klareren Begriffe hat, um sie zu erklären.
2. Keinen der etwas dunklen und doppeldeutigen Begriffe undefiniert lassen.
3. Bei der Definition der Begriffe nur vollkommen bekannte oder schon erklärte Wörter verwenden.

II *Regeln für die Axiome*:

1. Bei jedem der notwendigen Prinzipien, wie klar und evident es auch sein mag, zuerst fragen, ob es anerkannt wird.
2. Nur vollkommen selbstevidente Dinge zu Axiomen begehren.

III *Regeln für die Beweise*:

1. Keines von den Dingen beweisen wollen, die so selbstevident sind, daß es nichts noch Klareres mehr gibt, um sie zu beweisen.
2. Alle etwas dunklen Sätze beweisen und zu ihrem Beweis nur sehr evidente Axiome oder schon anerkannte oder bewiesene Sätze verwenden.
3. Stets im Geiste die Definitionen an die Stelle der Definierten setzen, damit man nicht durch die Doppeldeutigkeit der Begriffe, die man durch die Definition eingeschränkt hat, getäuscht werde.

«Handfeste und unumstößliche Beweise» werden durch Beachtung dieser acht Regeln garantiert, wovon drei, nämlich je die erste in jeder Gruppe, ohne Irrtum außer Acht gelassen werden könne. In [67, p. 22] wird darauf hingewiesen, daß mit dieser Weglassung diejenigen Regeln abgeschwächt worden seien, die uns heute im Zeitalter des Formalismus bedeutsam erscheinen. Man bedenke jedoch, daß Pascal gleich darauf die Beibehaltung *aller* acht Regeln als vollkommeneres Vorgehen bezeichnet [66a, p. 88]. Im Anschluß an die Vorstellung der acht Regeln geht er auf *drei Einwände* ein, die damals gegen die axiomatisch-deduktive Methode mathematischer Provenienz vorgebracht wurden; nämlich, daß sie

a) nichts Neues bringe,
b) auch ohne Mathematik leicht erlernbar sei,
c) unnütz für die Anwendung sei.

Der Einwand c) ist so alt wie die Mathematik und wird durch die Geschichte laufend widerlegt. Die beiden ersten Einwürfe beziehen sich offenbar auf die *Aristotelische Logik* und ihre Syllogismen[65], die nach Pascal von der mathematischen Beweismethode wesentlich übertroffen werde.

> «Alle, welche die gleichen Dinge sagen, besitzen sie nicht in gleicher Weise», und die Logik habe vielleicht die «Regeln der Geometrie» (Regeln der mathematischen Schlußweise) «entlehnt, ohne ihre Kraft zu begreifen» [66a, p. 94].

«Nicht ‹Barbara› und ‹Bamalip›[66] bilden das Schließen», denn die Regeln sollen nach Pascal einfach, natürlich und ungekünstelt sein:

«Je hais ces mots d'enflure.»

[«Ich hasse diese Worte der Aufgeblasenheit.»]

Zweifelsohne sind die ersten großartigen Ansätze einer axiomatischen Fundierung der Mathematik in EUKLIDS *Elementen* zu suchen. Auch ARISTOTELES hat im ersten Buch seiner Wissenschaftslehre eine Präzisierung der mathematischen Theorie vorgenommen. PASCAL kommt aber das Verdienst zu, den *Brückenschlag* zur modernen (formalistischen) Auffassung von Mathematik vollzogen zu haben. Nach H. SCHOLZ hat PASCAL die Aristotelischen Forderungen an eine formale Theorie in einer Sprache formuliert, die sich direkt an den Mathematiker richtet [15, p. 30ff].

8 Physik

«Wir müssen die Blindheit jener beklagen, die in physikalischen Fragen nur auf die Autorität abstellen, anstatt auf die Vernunft oder das Experiment.»

Aus dem Vorwort zu PASCALS unvollendetem *Traité du vide* [1, p. 531]

Das 17. Jahrhundert brachte nicht nur für die Mathematik, sondern auch für die Naturwissenschaften – und hier vorab im Bereiche der Physik – eine entscheidende Wende. Das mittelalterliche, von der Kirche mehrheitlich gestützte Aristotelische Weltbild geriet ins Wanken. Heftige Auseinandersetzungen zwischen den Anhängern des Ptolemäischen (geozentrischen) und des Kopernikanischen (heliozentrischen) Weltsystems führten 1633 zur Verurteilung von GALILEI. Doch der wissenschaftliche Fortschritt ließ sich damit nicht abwenden.

Im Jahre 1637 erschien der *Discours de la méthode* von R. DESCARTES, dem Begründer des modernen Rationalismus. Im Anhang des *Discours* kommen die Optik und die Lehre von den Meteoren zur Sprache. Das Werk von DESCARTES führte zu einem völlig neuen Wissenschaftsverständnis, das sich von jeglicher Autorität distanzierte. Die 1638 von GALILEI veröffentlichten *Discorsi* (*Unterredungen und mathematische Demonstrationen etc.*) bildeten einen Markstein für die Grundlegung einer neuen Mechanik [41], [17]. Die *Astronomia nova* (1609) von JOHANNES KEPLER schließlich festigte maßgeblich die Hypothese vom heliozentrischen Weltsystem. Was die Mechanik betrifft, zeichnete sich um 1650 herum in Italien, Holland und Frankreich eine naturwissenschaftliche Neuorientierung ab. Im Gefolge der italienischen Renaissance (u.a. CARDANO und TARTAGLIA) begannen sich die Gelehrten auf die alten Meister der griechischen Antike zu besinnen, welche bereits treffliche Einsichten in das Naturgeschehen besaßen. Neben ARCHIMEDES von Syrakus, der den hydrostatischen Auftrieb entdeckte («Archimedisches Prinzip»), ist HERON von Alexandria zu nennen, der schon den Luftdruck und seine Wirkung kannte. In Holland war es SIMON STEVIN, der hochbegabte, holländische Kaufmann und Ingenieur, der die ersten Prinzipien der Hydrostatik erkannte.

Wie oft in der Geschichte der Physik hat eine vorerst unscheinbare, oft paradox anmutende Erscheinung zu neuen, umfassenden Entdeckungen geführt. So stellte der Brunnenmeister des

Großherzogs COSIMO II von Florenz mit Erstaunen fest, daß er Wasser mittels einer Saugpumpe nicht höher als 32 Fuß oder ca. 10,26 m heben konnte. Das schwer erklärbare Phänomen wurde GALILEI mitgeteilt, und dieser hat es später in den bereits erwähnten *Discorsi* abgehandelt [41, p. 16–17]. Die Hartnäckigkeit des Wassers kam den meisten Gelehrten jener Zeit sonderbar, ja unnatürlich vor, da nach ihrer Meinung das Wasser dem Kolben nachfolgen mußte, wieweit man auch denselben in die Höhe ziehen möchte; es durfte kein leerer Raum entstehen. Die Peripatetiker glaubten an den sogenannten *horror vacui*, wonach die Natur einen Widerwillen gegen den leeren Raum habe.

GALILEI war seiner Sache nicht ganz sicher und übergab das Problem seinem Schüler und Nachfolger E. TORRICELLI, der nicht nur in der Mathematik (cf. Kapitel 6), sondern auch in verschiedenen Zweigen der Physik sein hohes Talent unter Beweis gestellt hatte. Statt mit Wasser führte TORRICELLI ein analoges Experiment mit dem spezifisch 13,5mal schwereren Quecksilber aus. Er füllte eine an einem Ende geschlossene Röhre mit Quecksilber und brachte dieselbe mit dem offenen Ende in ein ebenfalls mit Quecksilber gefülltes Gefäß. Die Flüssigkeit fiel nur so lange, bis der Niveauunterschied in dem Gefäß und der Röhre die Größe von 76 cm (= 1026 cm : 13,5) annahm [37]. Dieser Versuch führte ihn zur Entdeckung des *Barometers*, und die Kunde davon kam 1644 zum Minoriten-Pater MERSENNE, der die Experimente des Italieners selber, aber ohne Erfolg, zu wiederholen versuchte. Über MERSENNE wurde der mit DESCARTES befreundete Physiker PIERRE PETIT informiert, der seinerseits 1646 auf einem Besuch in Rouen die dort ansässigen Vater und Sohn PASCAL vom «italienischen Experiment» in Kenntnis setzte. Ein Jahr später wurden in Rouen die TORRICELLIschen Experimente unter verschiedensten Bedingungen wiederholt. Nach der Rückkehr der beiden PASCAL nach Paris soll DESCARTES, anläßlich seines persönlichen Zusammentreffens mit BLAISE PASCAL am 23. und 24. September 1647, diesen zu barometrischen Beobachtungen auf verschiedenen Höhen veranlaßt haben. Anfangs Oktober 1647 gelangte die erste Abhandlung über diesen Gegenstand an die Öffentlichkeit:

Expériences nouvelles touchant le vide [1, p. 362ff]

[Neue Experimente, den leeren Raum betreffend]

Aus dieser Abhandlung geht deutlich hervor, daß PASCAL – geleitet von den Ideen TORRICELLIS – von allem Anfang an das Dogma vom

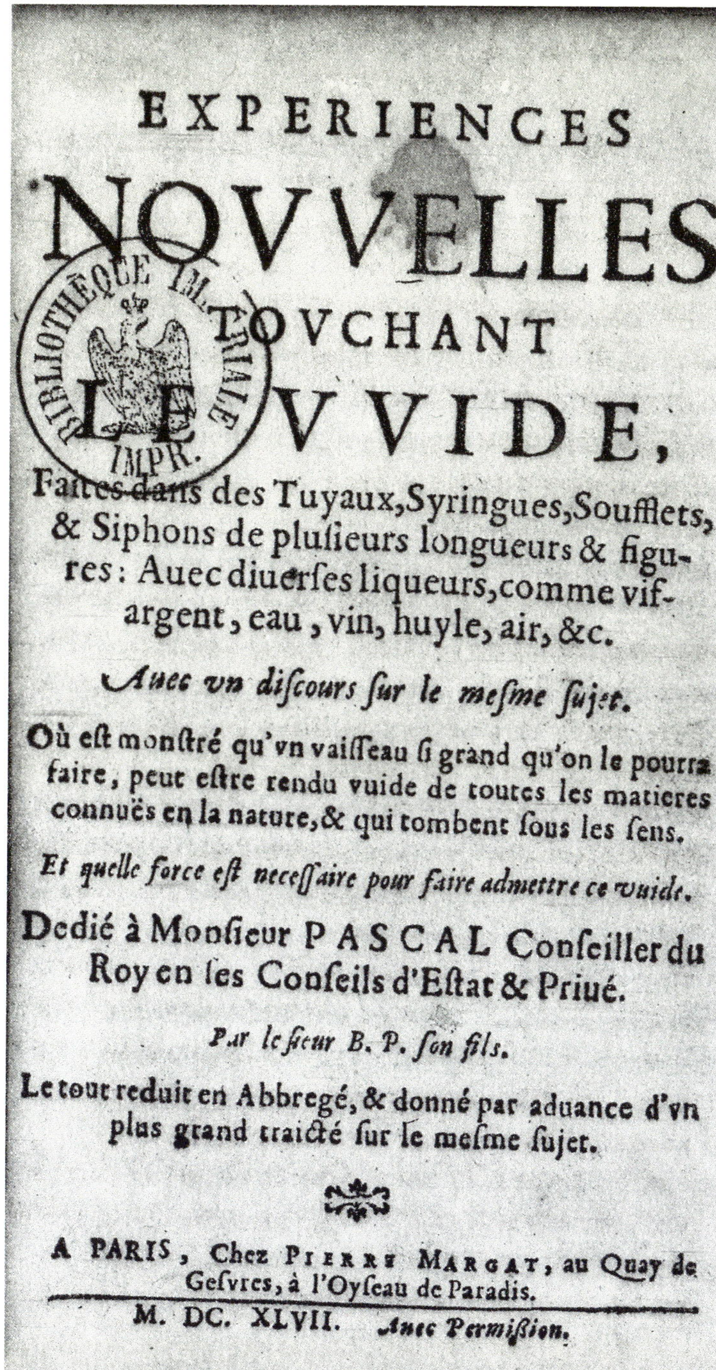

EXPERIENCES
NOVVELLES
TOVCHANT
LE VVIDE,
Faites dans des Tuyaux, Syringues, Soufflets, & Siphons de plusieurs longueurs & figures: Auec diuerses liqueurs, comme vif-argent, eau, vin, huyle, air, &c.

Auec vn discours sur le mesme sujet.

Où est monstré qu'vn vaisseau si grand qu'on le pourra faire, peut estre rendu vuide de toutes les matieres connuës en la nature, & qui tombent sous les sens.

Et quelle force est necessaire pour faire admettre ce vuide.

Dedié à Monsieur PASCAL Conseiller du Roy en ses Conseils d'Estat & Priué.

Par le sieur B. P. son fils.

Le tout reduit en Abbregé, & donné par aduance d'vn plus grand traicté sur le mesme sujet.

A PARIS, Chez PIERRE MARGAT, au Quay de Gesvres, à l'Oyseau de Paradis.

M. DC. XLVII. *Auec Permission.*

Abb. 71
Titelseite der *Expériences nouvelles* … 1647.

horror vacui zu widerlegen versuchte. Wörtlich meint er in seinem «Vorwort an den Leser» [1, p. 363]:

> «Depuis, faisant réflexion en moi-même sur les conséquences de ces expériences, elle me confirma dans la pensée où j'avais toujours été que le vide n'était pas une chose impossible dans la nature ...»
>
> [«Eigenes Nachdenken über die Folgerungen aus diesen Experimenten bestärkte mich in der Auffassung, die ich schon immer hatte, nämlich, daß das Vakuum in der Natur keine unmöglichen Sache sei ...»]

Trotz seines gemäßigten Standpunktes (er verteidigte vorerst nur die Existenz eines «augenscheinlichen» Vakuums im Gegensatz zu einem «absoluten» Vakuum) geriet Pascal bald ins Kreuzfeuer der Kritik des mit Descartes befreundeten Jesuiten Père E. Noël [36, p. 320ff].

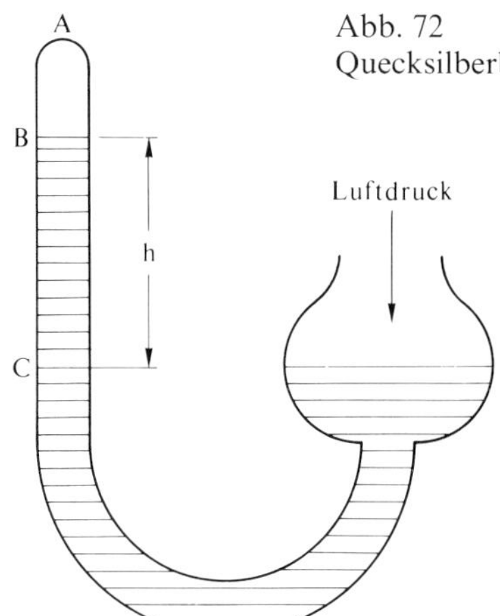

Abb. 72
Quecksilberbarometer in schematisierter Form.

Dieser bestritt in einem Brief an Pascal die Existenz des luftleeren Raumes $A-B$ (Abb. 72) und meinte, daß dieser Teil des Torricellischen Rohres mit «reiner» Luft gefüllt sei, welche durch die Poren des Glases ins Innere eingedrungen sei.

Das blendend abgefaßte Antwortschreiben Pascals vom 29. Oktober 1647 geht auf die Einwände des Jesuiten mit Sorgfalt und wissenschaftlicher Gründlichkeit ein. Es widerspiegelt bereits die allgemeinen Prinzipien wissenschaftlicher Argumentation, die dem 24-jährigen Pascal zu eigen sind. Für ihn ist die naturwissenschaftliche Wahrheit einzig und allein durch das *Experiment* (Beobachtung) und die *mathematische Deduktion* (Vernunft) zu erschließen (siehe das Motto dieses Kapitels). Im weiteren unterscheidet Pascal drei Arten von Hypothesen: die richtigen, die falschen und die zweifelhaften.

Letztere können widerlegt werden, sobald ein einziger Widerspruch aus ihnen abgeleitet werden kann [1, p. 374]. Gegen den Schluß des Schreibens trifft PASCAL eine Unterscheidung zwischen dem *Nichts* (néant) und dem *leeren Raum* (vide), wobei die Materie zwischen diesen eine Mittelstellung einnähme.

Die Auseinandersetzungen um den *horror vacui* haben PASCAL zur Erfindung neuer experimenteller Beweismethoden herausgefordert. Eine berühmte Version ist das «*Experiment des Vakuums im Vakuum*» («l'expérience du vide dans le vide»), welches im wesentlichen darin besteht, das TORRICELLIsche Experiment in einer Umgebung durchzuführen, in dem der Luftdruck stetig variierend auf Null gesenkt werden kann. In diesem Fall fällt das Quecksilber in der Röhre sofort bis zur Oberfläche des Quecksilbers im Gefäß, worin die Röhre steht (für Einzelheiten cf. [4, p. 256–259]).

Aufgrund der zahlreichen experimentellen Erfahrungen wurde für PASCAL die Existenz und Wirkungsweise des Luftdrucks zu einer unumstößlichen Tatsache, aus der er sofort schloß: Wenn die Quecksilbersäule im Barometer vom Luftdruck getragen wird, so muß ihre Höhe auf einem Berg kleiner sein als im Tal, weil dort der Luftdruck naturgemäß geringer ist. Da PASCAL (vermutlich aus gesundheitlichen Gründen) den Nachweis nicht selber erbringen konnte, wandte er sich an seinen Schwager FLORIN PÉRIER in Clermont. Gemeinsam mit dem Physiker PETIT führte dieser das Experiment am 19. September 1648 am Fuße und auf dem Gipfel des 1645 m hohen Puy de Dôme[67] durch. Auch an verschiedenen Zwischenstellen wurden Messungen vorgenommen, welche die Abhängigkeit des Luftdrucks von der Höhe über Meer eindrücklich bestätigten.

Bereits im Oktober desselben Jahres wurden die Resultate dieses Experimentes in einer Flugschrift veröffentlicht unter dem Titel *Récit de la grande expérience de l'équilibre des liqueurs etc.* (Paris 1648).

Zu Beginn des *Récit* betonte PASCAL, daß er nun, im Gegensatz zur ersten Publikation *Expériences nouvelles touchant le vide*, eindeutig nachweisen könne, daß die Natur keinerlei Widerwillen gegen den leeren Raum empfinde.

Neben den Fragen, die den Luftdruck und das Vakuum betreffen, hat PASCAL auch in der *Hydrostatik* wertvolle Beiträge zu ihrer Begründung geliefert. Als geistiger Vater dieser Disziplin darf, wie schon eingangs erwähnt, ARCHIMEDES bezeichnet werden, der eine Abhandlung *Über schwimmende Körper* verfaßt hatte, und der mit seinem *Auftriebsgesetz* den Nachweis erbringen konnte, daß die Krone von König Hieron II nicht in der verlangten Goldlegierung gegossen war. Dieser Auftrieb kommt bekanntlich zustande, weil der hydrostatische Druck einer Flüssigkeit mit der Tiefe zunimmt.

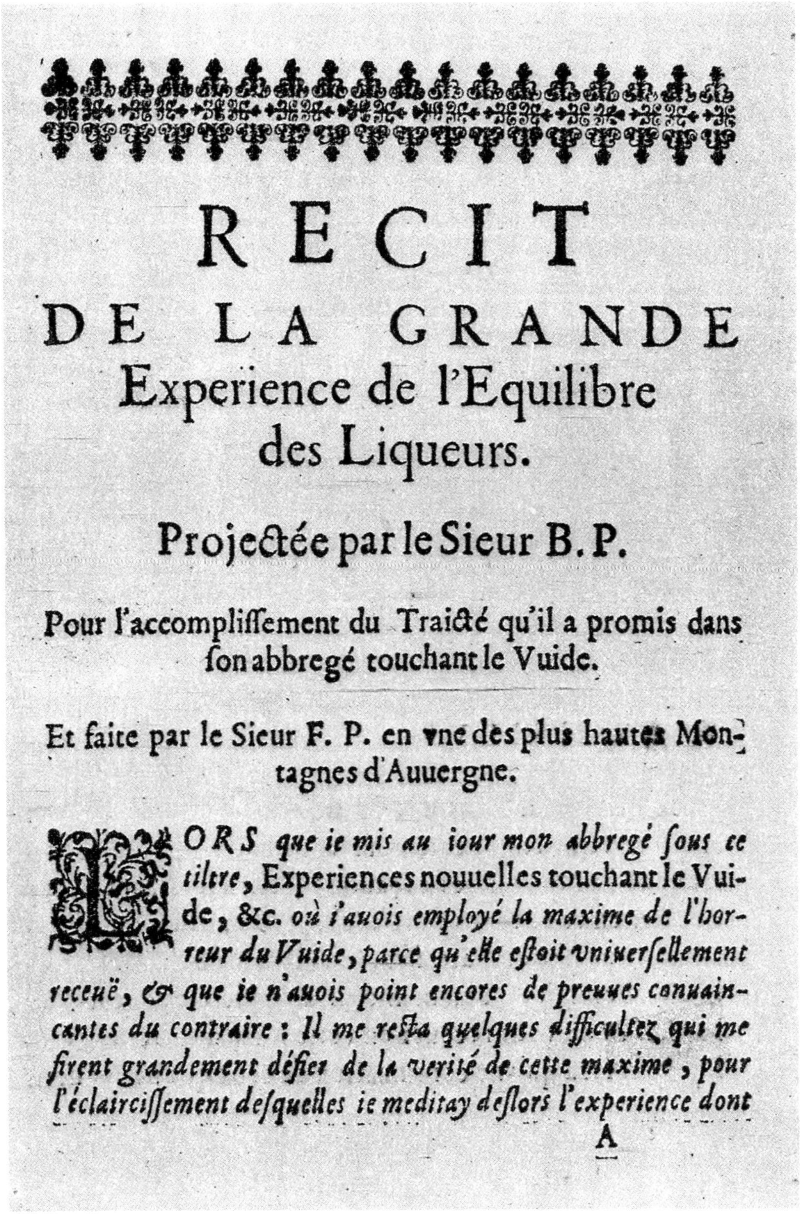

RECIT
DE LA GRANDE
Experience de l'Equilibre
des Liqueurs.

Projectée par le Sieur B. P.

Pour l'accompliſſement du Traicté qu'il a promis dans ſon abbregé touchant le Vuide.

Et faite par le Sieur F. P. en vne des plus hautes Montagnes d'Auuergne.

LORS *que ie mis au iour mon abbregé ſous ce tiltre*, Experiences nouuelles touchant le Vuide, &c. *où i'auois employé la maxime de l'horreur du Vuide, parce qu'elle eſtoit vniuerſellement receuë, & que ie n'auois point encores de preuues conuaincantes du contraire: Il me reſta quelques difficultez qui me firent grandement défier de la verité de cette maxime, pour l'éclairciſſement deſquelles ie meditay deſlors l'experience dont*

A

Abb. 73
Titelseite des *Récit* … 1648.

Bis ins 16. Jahrhundert sind die ersten Ansätze von ARCHIMEDES und HERON in Vergessenheit geraten. Erst rund 1700 Jahre später hat u.a. SIMON STEVIN die Hydrostatik neu entdeckt und beweiskräftig untermauert [17, p. 145]. Eine Konsequenz seiner Untersuchungen ist das (oft auch PASCAL zugeschriebene)

«Hydrostatische Paradoxon»,

wonach die Druckkraft auf die gleichgroße Bodenfläche F unabhängig von der Gefäßform ist und nur durch die Höhe h bestimmt wird.

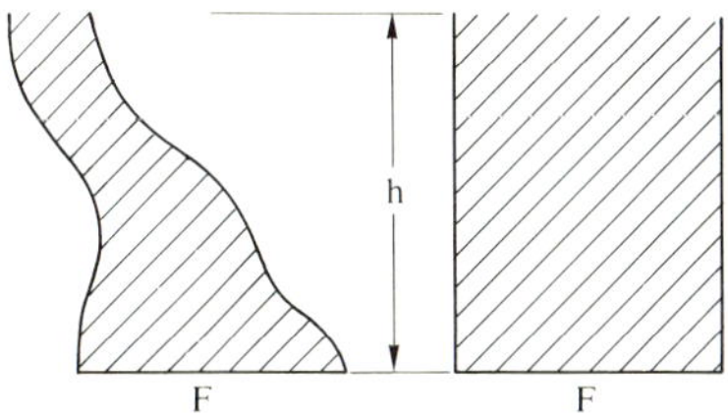

Abb. 74
Schema zum «hydrostatischen Paradoxon».

PASCAL bestätigte dieses paradoxe Verhalten durch folgenden Versuch:

Er benutzte ein mit Wein gefülltes Faß, dem er ein langes, dünnes Rohr mit kleinem Querschnitt aufsetzte. Solange nur das Faß mit Wein gefüllt war, geschah nichts. Sobald man auch das Rohr mit Wein nachfüllte, so genügte eine relativ kleine Menge, um das Faß zum Platzen zu bringen.

Die zahlreichen Untersuchungen PASCALS zur Hydrostatik einerseits und zum Luftdruck andererseits fallen höchstwahrscheinlich in die Jahre 1651–1654. Sie gipfeln in einer umfangreichen, im wesentlichen zweiteiligen Studie:

Im *Teil I* wird das Gleichgewicht von Flüssigkeiten untersucht und u.a. nachgewiesen, daß «die Flüssigkeiten proportional zu ihrer Höhe wiegen» («que les liqueurs pèsent suivant leur hauteur»), eine Aussage, die man in präziserer Form schon bei STEVIN findet [17, p. 152].

PASCAL bedient sich bei seinen Überlegungen des «Prinzips der virtuellen Verschiebungen», womit er in der Hydrostatik ein *allgemeines Gesetz* anzuwenden versucht. Für ihn ist jede in einem Behälter befindliche Flüssigkeit eine «Maschine», die wie ein Hebel das Verhältnis der wirkenden Kräfte für den Ruhefall regelt. Hierzu äußert sich PASCAL wie folgt [1, p. 414]:

> «D'où il paraît qu'un vaisseau plein d'eau est un nouveau principe de mécanique, et une machine nouvelle pour multiplier les forces ...»

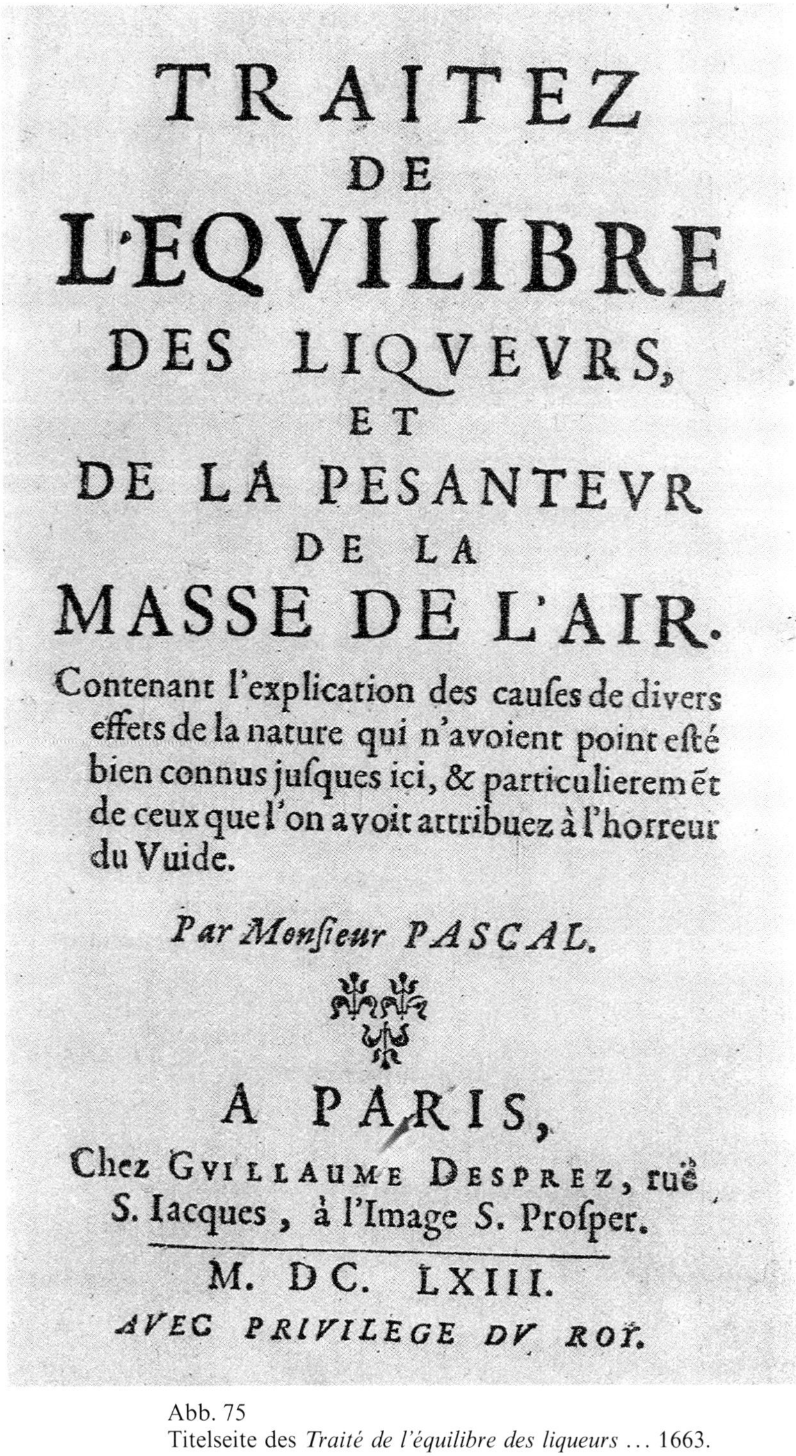

TRAITEZ
DE
L'EQVILIBRE
DES LIQVEVRS,
ET
DE LA PESANTEVR
DE LA
MASSE DE L'AIR.

Contenant l'explication des causes de divers effets de la nature qui n'avoient point esté bien connus jusques ici, & particulierement de ceux que l'on avoit attribuez à l'horreur du Vuide.

Par Monsieur PASCAL.

A PARIS,
Chez GVILLAUME DESPREZ, ruë S. Iacques, à l'Image S. Prosper.

M. DC. LXIII.

AVEC PRIVILEGE DV ROY.

Abb. 75
Titelseite des *Traité de l'équilibre des liqueurs* … 1663.

[«Deshalb erscheint ein mit Wasser gefülltes Gefäß als ein neues mechanisches Prinzip und eine «*neue Maschine*», mit der die Kräfte vervielfacht werden können ...»]

Pascal betrachtet beispielsweise zwei mit Kolben verschlossene, kommunizierende Gefäße, die mit einer schwerelosen, inkompressiblen Flüssigkeit gefüllt sind (siehe Anlage VII in Abb. 76 und die schematische Darstellung in Abb. 77).

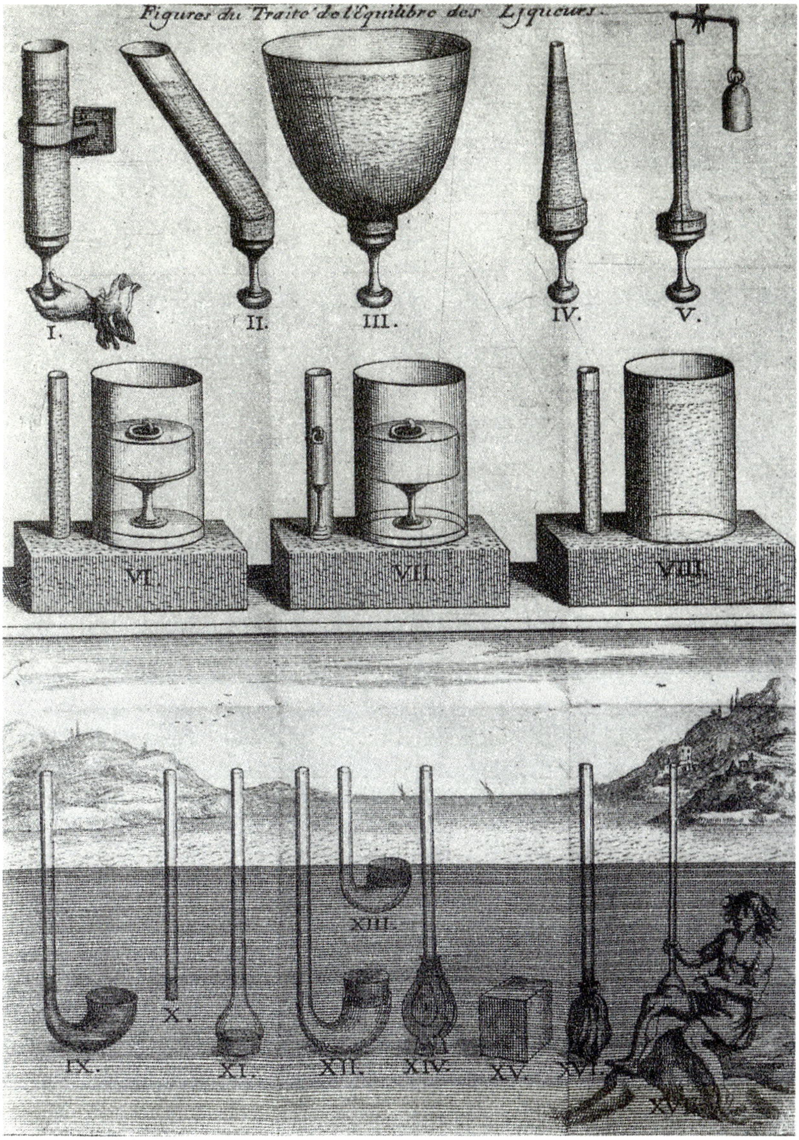

Abb. 76
Figuren aus dem *Traité de l'équilibre des liqueurs* ...

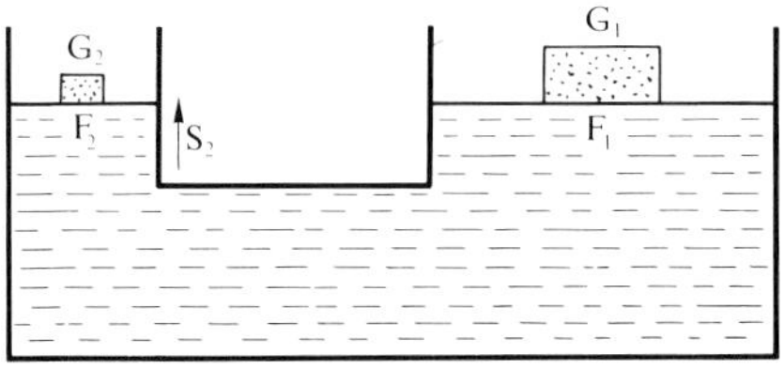

Abb. 77
Schematische Darstellung der hydraulischen Presse.

Wenn man die Kolben durch die Gewichte G_1 und G_2 belastet, die zu den Kolbenflächen F_1 und F_2 proportional sind, so herrscht Gleichgewicht, da bei einer virtuellen Verschiebung die Kolbenwege S_1 und S_2 den Gewichten umgekehrt proportional sind, d.h.: $G_1 : G_2 = S_2 : S_1$, und wegen $F_1 S_1 = F_2 S_2$ folgt $G_1 : G_2 = F_1 : F_2$; $p = G_1 : F_1 = G_2 : F_2$ ist der in der Flüssigkeit auftretende Druck. PASCALS verbaler Kommentar:

> «Et l'on doit admirer qu'il se rencontre en cette machine nouvelle cet ordre constant qui se trouve en toutes les anciennes; savoir: le levier, le tour, la vis sans fin etc., qui est, que le chemin est augmenté en même proportion que la force» [1, p. 414].

In deutscher Übersetzung nach [17, p. 152]:

> «Man muß bewundern, daß sich in dieser neuen Maschine jene beständige Ordnung bewährt, die bei allen anderen schon bekannten, wie Hebel, Winde, Schraube ohne Ende etc. anzutreffen war und darin besteht, daß der Weg im selben Verhältnis wie die Kraft vermehrt wird.»

Das ist die Art und Weise, mit der PASCAL die damals verbreitete Ansicht bekämpfte, daß es nicht möglich sei, mit Hilfe von Maschinen die Kraft zu vermehren. An dieser Stelle sei noch vermerkt, daß auf diesem Prinzip der Kraftvermehrung die *hydraulische Presse* beruht.

Der *Teil II* befaßt sich mit der minutiösen Beschreibung verschiedenster Wirkungen, die dem *Gewicht der Luft* zuzuschreiben sind.

Nebst anderem kommen folgende Themenkreise zur Sprache:

a) Die Luft hat ein Gewicht und sie übt damit eine Kraft aus auf alle Körper, die sie umgibt;
b) Es ist die Luft, welche jene Wirkungen hervorbringt, die man bis anhin dem *horror vacui* zugeschrieben hat [1, p. 431];
c) Die Gesamtmasse der Luft, welche den Erdball umgibt, läßt sich bestimmen.

In einem *Teil III* formuliert PASCAL die allgemeinen *Folgerungen* und hält nochmals deutlich fest, daß *für die Physik das Expe-*

riment die einzige Autorität darstellt («les expériences sont les véritables maîtres qu'il faut suivre dans la physique»). Grundsätzliche Reflexionen über die naturwissenschaftliche Methode finden sich auch im Vorwort zu einem nie vollendeten Werk über das Vakuum (*Préface pour le traité du vide* [1, p. 529ff]). Mit äußerster Klarheit wird hervorgehoben, daß für Fragen, die dem Verstand oder der Vernunft obliegen, die Autorität nutzlos ist («pour les sujets qui

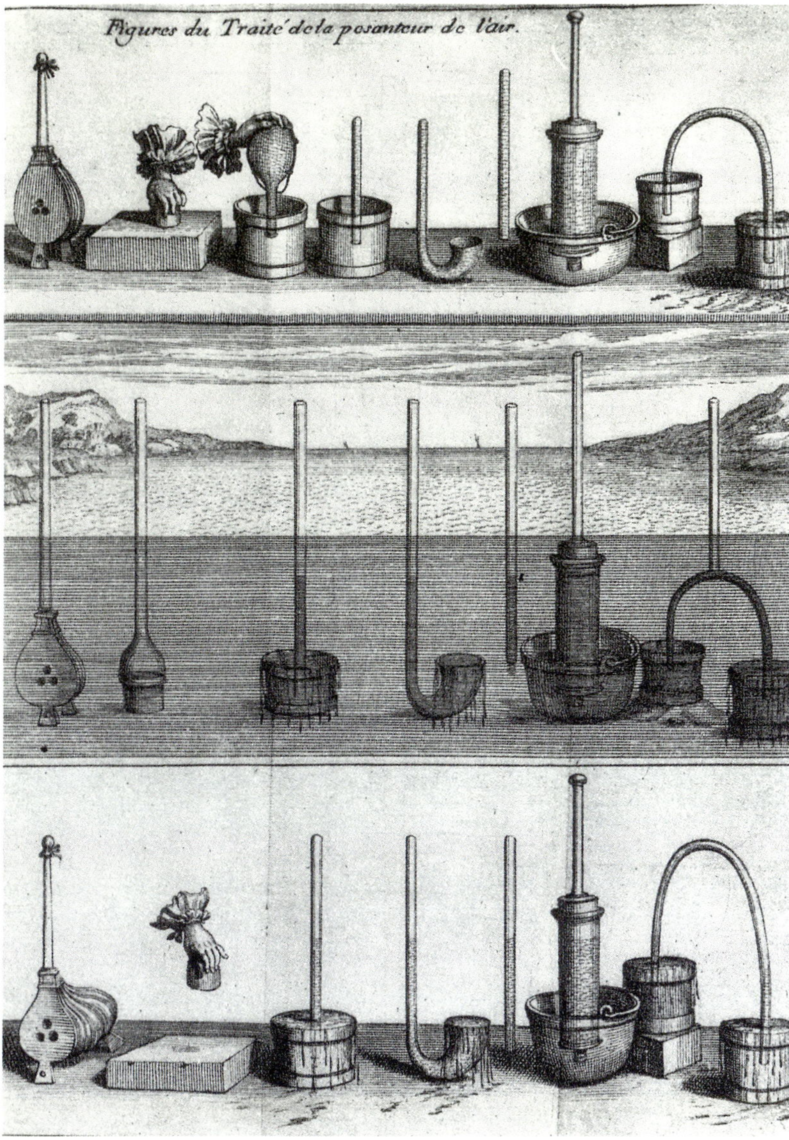

Abb. 78
Figuren aus dem *Traité de l'équilibre des liqueurs et de la pesenteur de la masse de l'air*, (Teil II).

tombent sous le sens ou sous le raisonnement: l'autorité y est inutile»).

Abschließende Würdigung

Originalität, Bedeutung und wissenschaftliche Ausstrahlung auf die Nachwelt, die dem physikalischen Schaffen Pascals beizumessen sind, werden von den Historikern verschieden beurteilt. Diese Divergenzen und Meinungsverschiedenheiten, insbesondere in Prioritätsfragen, sollen uns aber vom Wesentlichen nicht abhalten. Eines steht fest: Pascal konnte sich – abgesehen von antiken Quellen – auf Vorarbeiten und Ansätze von Galilei, Mersenne, Roberval, Descartes sowie Stevin und Torricelli abstützen.

Pascals Verdienste um eine Konsolidierung der Hydrostatik und der Lehre vom Luftdruck sind in doppelter Hinsicht zu würdigen:

Erstens ist es Pascal nach anfänglichen Zweifeln und nach zahlreichen, fundierten Experimenten gelungen, das Aristotelische Dogma vom *horror vacui* zu widerlegen und klare Einsichten in die Wirkungen des Luftdrucks zu vermitteln.

Zweitens hat er (gemeinsam mit Galilei, Kepler, Stevin und anderen) der *modernen, wissenschaftlichen Arbeitsmethode*, die sich einzig auf die beiden Säulen der *mathematischen Evidenz* und des *Experimentes* abstützt, zum endgültigen Durchbruch verholfen.

9 Der PASCALsche Kosmos

«L'homme n'est qu'un roseau, le plus faible de la nature, mais un roseau pensant.»

[«Nur ein Schilfrohr, das zerbrechlichste in der Welt, ist der Mensch, aber ein Schilfrohr, das denkt.»]

B. PASCAL, *Pensées* [1, p. 1156–1157; 62, p. 74]

Einführung

Eine Beschreibung von Leben und Werk von PASCAL – auch im Rahmen der Serie *Vita Mathematica* – soll eine Würdigung des *ganzen Menschen* PASCAL miteinbeziehen. Zugegeben, es ist außerordentlich schwierig, dem geistigen Phänomen und Universalgenie aus der Auvergne in der angestrebten Kürze einigermaßen gerecht zu werden. Die Persönlichkeit PASCALS ist schwer faßbar und erst recht nicht einem festen Schema oder einer bestimmten Geisteshaltung zuzuordnen. Jede Epoche hat ein anderes Bild von ihm gezeichnet. ANDRÉ GIDE soll gesagt haben, daß er mit PASCAL nicht fertig geworden sei; immer Neues habe er bei ihm gefunden. ROMANO GUARDINI bezeichnete PASCAL als «Konstrukteur von größter Energie, der doch in der Geschichte nicht als solcher wirkt, sondern als Beweger», und NIETZSCHE bewundert ihn einerseits wegen der Klarheit seiner Aussagen und als Psychologen, verwirft ihn andererseits wegen seines beharrlichen Bekenntnisses zum Christentum [62, p. 5].

L'esprit de géométrie et l'esprit de finesse

Der **literarisch** Gebildete wird den Zugang zu PASCAL vorwiegend über die *Lettres provinciales*, ein Glanzstück französischer Prosa, finden. Der größte Teil der *Pensées*, die zur Weltliteratur gehören, werden auch heute noch von **Philosophen** und **Psychologen** gleichermaßen beachtet und geschätzt. Das Interesse der Theologen für die *Lettres provinciales* dürfte vorwiegend historisch begründet sein. Fast alle Vertreter der aufgezählten Disziplinen werden aber in den seltensten Fällen dem *mathematisch-naturwissenschaftlichen* Werk PASCALS zugeneigt sein. Umgekehrt wird der Wissenschaftler kartesischen Zuschnitts kaum Interesse an den geisteswissenschaftlichen Schriften PASCALS finden.

Doch mit jeder einseitig fachspezifisch orientierten Annäherung an PASCAL wird sein wahres Wesen – und vor allem seine tiefliegende existentielle Situation – nur unvollständig erkannt. PASCALS «Geist» ist eben nur in seiner *Universalität* faßbar, die axiomatisch-wissenschaftliches Denken, philosophische Tiefe, psychologische Treffsicherheit, literarische Brillanz und theologischen Eifer gleichermaßen einschließt. JACQUES CHEVALIER, der Herausgeber der von uns oft zitierten *Oeuvres complètes*, meint dazu im Vorwort [1, p. X]:

> «Il [PASCAL] parcourt l'univers entier, visible et invisible, d'un infini à l'autre, avec une agilité d'esprit, telle qu'il semble voir toutes choses ensemble d'une seule vue ...»
>
> [«Er durchläuft das ganze sichtbare und unsichtbare Universum von einem Unendlichen zum anderen, so daß er das Ganze unter *einem* Blickwinkel zu sehen scheint.»]

Und weiter unten [1, p. XIV]:

> «Comme l'oeuvre est inséparable de l'homme, pour connaître PASCAL il faut lire tout PASCAL. Chez lui tout se tient.»
>
> [«Um PASCAL zu kennen, muß man den ganzen PASCAL lesen, denn das Werk ist untrennbar mit dem Menschen verbunden.»]

Dieser Satz enthält eine fundamentale Aussage, die einen direkten Bezug zum Fragment 21 der *Pensées* hat [1, p. 1091]. Darin charakterisiert PASCAL (wenn auch vereinfachend) zwei sich polarisierende Kulturbereiche oder Geisteshaltungen und steckt die Grenzen ihrer Erkenntnismöglichkeiten ab. Es geht um den «*esprit de géométrie*» und den «*esprit de finesse*», zwei Begriffe, deren sinngemäße Übersetzung ins Deutsche nicht ganz unproblematisch ist [68, p. 17].

Unter dem *esprit de géométrie* könnte man jene geistige Grundhaltung verstehen, die sich einseitig auf das *rationale Denken* abstützt. Die Mathematik (bei PASCAL «la géométrie») dient ihr als Vorbild, eine Disziplin, die PASCAL virtuos zu handhaben wußte. Er bezeichnete die Prinzipien des *esprit de géométrie* als handgreiflich, aber abseits alltäglicher Anwendung, deshalb mache es keine Mühe, sich ihnen zuzuwenden. Wenn man diese Prinzipien aber vollständig erfaßt habe, müsse man einen ganz verkehrten Verstand haben, um mit ihrer Hilfe falsche Schlüsse daraus zu ziehen.

Der *esprit de finesse* andererseits manifestiert den «Geist des Feinsinns oder der Intuition», den PASCAL vielleicht in der Person seines Freundes Chevalier DE MÉRÉ, einem Repräsentanten der «Honnêteté»[68] erkannt haben dürfte. Literarisch-künstlerische Dimensionen und psychologische Intuition zeichnen diese Haltung aus. PASCAL meint:

«Man braucht sich weder nach ihnen (den Prinzipien des Feinsinns) umzuwenden, noch sich Gewalt anzutun, man benötigt nur ein gutes Auge, aber das muß gut sein, denn die Prinzipien sind so verstreut, und es gibt ihrer so viele, daß es unmöglich ist, keins zu übersehen.» (Französischer Urtext in [1, p. 1092]).

Die Prinzipien des Feinsinns haben nach PASCAL ihren Sitz im «Herzen»:

«Das Herz hat seine Ordnung; der Geist hat die seine, die besteht in Grundsätzen und Beweisen. Das Herz hat eine andere. Man beweist nicht, daß man lieben sollte, durch geordnete Darlegung der Ursachen der Liebe, das wäre lächerlich.»

Brillant und prägnant zugleich ist der Schluß von Fragment 21 der *Pensées*, in welchem die extremen Geisteshaltungen unterschieden und ihre Grenzen klar abgesteckt werden.

«Les *géomètres* qui ne sont que géomètres ont donc l'esprit droit, mais pourvu qu'on leur explique bien toutes choses par définitions et principes; autrement ils sont faux et insupportables, car ils ne sont droits que sur les principes bien éclaircis.
Et les *fins* que ne sont que fins ne peuvent avoir la patience de descendre jusque dans les premiers principes des choses spéculatives et d'imagination, qu'ils n'ont jamais vues dans le monde, et tout à fait hors d'usage» [1, p. 1093].

[«Die *Mathematiker*, die nichts als Mathematiker sind, haben demnach einen klaren Verstand, vorausgesetzt, daß man ihnen alles durch Definitionen und Prinzipien erklärt, sonst sind sie wirr und unerträglich, denn sie denken nur richtig an Hand deutlich gemachter Prinzipien.
Und die *Feinsinnigen*, die nichts als feinsinnig sind, sind unfähig, die Geduld aufzubringen, bis zu den ersten Prinzipien der Spekulation und Abstraktion vorzudringen, denen sie in der Welt niemals begegnet sind, und die man dort nie braucht.»]

Der Romancier und Physiker C. P. SNOW hat in seiner Studie *Die zwei Kulturen* [63] gezeigt, daß gerade in unserer Zeit infolge der überhandnehmenden Spezialisierung oft eine fast unüberwindbare Kluft zwischen der geisteswissenschaftlich und naturwissenschaftlich orientierten Elite besteht.

Das literarische Werk im Kampf um den Glauben

In literarischen Kreisen ist PASCAL – besonders im französischen Sprachbereich – als einer der bedeutendsten Vertreter der französischen Prosa in die Geschichte eingegangen. Es geht hier um die *Lettres provinciales*, deren Stil sich durch kristallklare Argumentation, aber auch durch Ironie und Satire auszeichnet. Die Gründe, die zur Abfassung des aus 18 Briefen (an einen fiktiven Empfänger in der Provinz) bestehenden Werkes führten, liegen im «Streit des Glaubens mit dem Glauben», um mit HANS KÜNG zu reden [60, p. 98ff].

Wie wir schon aus der Biographie erfahren haben, ist PASCAL bereits in jungen Jahren mit der theologisch-moralischen, innerkatholischen Reformbewegung des «Jansenismus» in enge Berührung gekommen. Sie hatte ihr geistiges Zentrum in Port-Royal und basierte im wesentlichen auf der Gnadenlehre des großen Kirchenlehrers AURELIUS AUGUSTINUS von Hippo. Der niederländische Theologe und Bischof CORNELIUS JANSEN (nach ihm ist die religiöse Bewegung benannt) hat in seinem Werk *Augustinus* die strenge Moral der frühen Kirche gefordert und die Gnade Gottes über die menschliche Freiheit gesetzt. Der Kunst gegenüber war man feindlich eingestellt; erklärt dies vielleicht die Tatsache, daß in PASCALS Leben diese Seite kultureller Betätigung keinen Platz gefunden hat?

Die Jesuiten witterten in Port-Royal und im Jansenismus einen versteckten Calvinismus und griffen den *Augustinus* an. ANTOINE ARNAULD, geistiger Führer von Port-Royal und Professor an der Sorbonne, verteidigte sich ohne durchschlagenden Erfolg. Die Situation spitzte sich zu, als Papst INNOZENZ X im Jahre 1653 fünf, angeblich aus dem *Augustinus* stammende, Sätze als häretisch erklärt hatte. Bald darauf wurde ARNAULD in einem großen Verfahren von der Sorbonne verurteilt. Damit war für PASCAL die Zeit gekommen, mit vollem Einsatz all seiner Kräfte den Kampf gegen die Jesuiten aufzunehmen.

Am 23. Januar 1656 erschien der erste Brief der *Lettres provinciales* in Form einer anonymen Flugschrift. Diese und die nachfolgende Serie von Briefen fand beim Publikum gewaltiges Interesse. In der Einleitung zum ersten Brief versucht PASCAL mit Vehemenz nachzuweisen, daß die beanstandeten fünf Sätze im *Augustinus* gar nicht vorkommen, und gegen den Schluß findet man folgenden Satz:

> «Que la grâce n'est pas donnée à tous les hommes.»
>
> [«Die Gnade [Gottes] ist nicht allen Menschen gegeben.»]

Dieses Zitat charakterisiert die augustinisch-jansenistische Gnadenlehre treffend. In feindseliger Opposition zum Jansenismus stand damals die jesuitische Lehrmeinung, die u.a. für die Willensfreiheit des Menschen und eine liberalere Moral eintrat. Ihr *Probabilismus* («probabel» im Sinne von «annehmbar») lehrte, daß der Christ

Abb. 79
Titelseite des *Augustinus* von CORNELIS JANSEN (1640).

«Jede Meinung eines ernsten Doktors der Theologie für probabel halten und sich bei seinen Handlungen darauf berufen könne, auch wenn sie im Gegensatz zu den Geboten, den Evangelien usw. stehe; gäbe es über denselben Sachverhalt mehrere voneinander abweichende Meinungen, so dürfe er die angenehmere und günstigere wählen» [65, p. 9–10].

PASCAL bekämpfte in seinen *Lettres provinciales* diese jesuitische *Kasuistik*, die aber auf der Gegenseite in Papst ALEXANDER VII (Nachfolger von INNOZENZ X) einen mächtigen Beschützer fand. 1657 wurde die PASCALsche Brieffolge auf den Index der verbotenen Bücher gesetzt. Welche Ironie des Schicksals! Der fromme Eiferer PASCAL, der vor einigen Jahren den eher unbedeutenden FRÈRE SAINT-ANGE zum Widerruf gezwungen hatte, gerät nun selber in die Fänge des Sanctum Offizium. Der einstige Ankläger und Denunziant wird zum Angeklagten und Ausgestoßenen. Doch PASCAL gibt vorderhand nicht nach und verfaßt das *Factum pour les curés de Paris* [1, p. 906–945] mit dem Untertitel

Contre un livre intitulé «Apologie pour les casuites, ...»

[*Gegen ein Buch, genannt «Verteidigungsschrift für die Kasuistik der Jesuiten»*]

Doch jede noch so geistreiche Unterstützung, die PASCAL seinen jansenistischen Glaubensgefährten zukommen ließ, reichte nicht aus, die religiöse Bewegung, für die er sich bedingungslos eingesetzt hatte, vor dem Untergang zu bewahren. Alle Klostermitglieder (JACQUELINE PASCAL mit eingeschlossen) wurden unter Androhung der Exkommunikation gezwungen, das Dekret des Papstes zu unterzeichnen. BLAISE selber weigerte sich, dies zu tun. ARNAULD blieb die Verbannung nicht erspart, und rund 50 Jahre nach dem Tod von PASCAL wurde die Klosteranlage in Port-Royal dem Erdboden gleichgemacht.

Die *Pensées*, Fragmente einer Apologie des Christentums

Die philosophischen und theologischen Schriften PASCALS sind der Nachwelt fast durchwegs nur bruchstückhaft überliefert. Dies gilt insbesondere von den *Pensées* (Gedanken), die wir bereits am Anfang unseres Kapitels im Zusammenhang mit den «zwei Kulturen» angesprochen haben. Es handelt sich hier um ungeordnete, fast zufällig hingeworfene Gedankenfragmente, die nach dem Tod PASCALS unter seinen Papieren aufgefunden wurden, und die bis zu unserer Zeit in

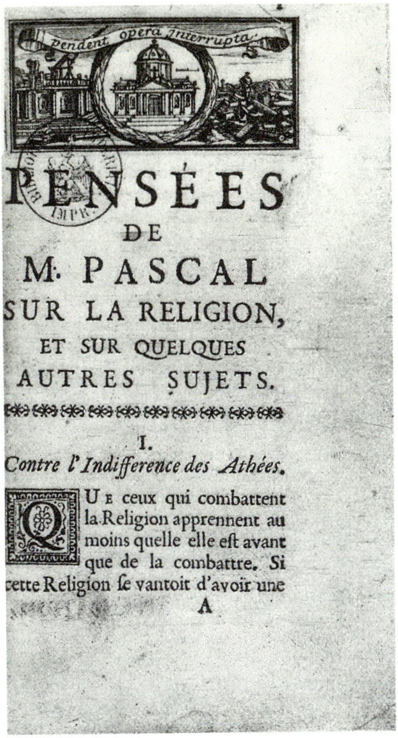
Pendent opera interrupta.

PENSÉES
DE
M. PASCAL
SUR LA RELIGION,
ET SUR QUELQUES
AUTRES SUJETS.

I.
Contre l'Indifference des Athées.

QUE ceux qui combattent la Religion apprennent au moins quelle elle eſt avant que de la combattre. Si cette Religion ſe vantoit d'avoir une
A

Abb. 80
Titelseite der Erstausgabe der *Pensées* 1669.

immer wieder abgeänderter Anordnung im Druck erschienen und auf vielfältigste Art und Weise ausgelegt wurden.

Die Darlegung von J. CHEVALIER in [1] stellt nach dem Urteil vieler Kenner ein geistvoller Versuch dar, Plan und Aufbau der *Pensées* zu rekonstruieren. (Der genaue Titel der Sammelschrift ist der Abb. 80 zu entnehmen.)
Bei den *Pensées* handelt es sich somit um eine Verteidigungsschrift (Apologie) des christlichen (katholischen) Glaubens mit Einschluß von weiteren Gegenständen, die z.T. zumindest marginal mathematischen Gehalt aufweisen.

G. W. LEIBNIZ lernte 1672 anläßlich seines Pariser Aufenthalts die *Pensées* kennen und bezeichnete sie als *libellum aureum* (goldenes Büchlein). Die anfängliche Bewunderung wich allerdings mit der Zeit einer Skepsis, was ohne weiteres begreifbar wird, wenn man die divergierenden religiösen Einstellungen dieser beiden Geistesheroen vergleicht. Während LEIBNIZ bereits den Gedanken der Ökumene zu verwirklichen suchte, engagierte sich PASCAL ebenso leidenschaftlich im Kampf gegen die Atheisten wie auch in innerkonfessionellen Auseinandersetzungen. Im 1. Kapitel der *Pensées* (cf. Abb. 80) lesen wir:

> «Contre l'indifférence des Athées.
> Que ceux qui combattent la Religion apprennent au moins quelle est avant que de la combattre.»
>
> [«Gegen die Gleichgültigkeit der Atheisten.
> Diejenigen, welche die Religion bekämpfen, sollten mindestens lernen, wie sie ist, bevor sie sie bekämpfen.»]

Im Rahmen unserer mathematisch orientierten Biographie greifen wir einen berühmten Passus der *Pensées* heraus, der ein theologisches Grundproblem in mathematischer Manier darzulegen versucht. Es geht um die vieldiskutierte und auch umstrittene

Wette um die Existenz Gottes («Le pari»),

die in Form eines Dialogs angelegt ist. Ihr Inhalt findet sich in Fragment 451 [1, p. 1212], trägt den Titel *Infini – rien*: *le pari* und beginnt mit den ergreifenden Worten:

> «Notre âme est jetée dans le corps, où elle trouve nombre, temps, dimensions. Elle raisonne là-dessus, et appelle cela nature, nécessité, et ne peut croire autre chose.»
>
> [«Unsere Seele ist in den Körper gestoßen, wo sie Zahl, Zeit, räumliche Ausdehnungen vorfindet; sie denkt darüber nach und nennt das Natur, Notwendigkeit, und sie kann nichts anderes glauben.»]

Das Endliche, so meint Pascal, vernichtet sich in Gegenwart des Unendlichen («le fini s'anéantit en présence de l'infini»), und so ist es mit dem *endlichen* Geist des Menschen gegenüber dem *unendlichen* (unfaßbaren) Geist Gottes. Die Worte

> «Wir wissen, daß es ein Unendlich (in der Mathematik) gibt, aber wir sind unwissend über sein Wesen. Also kann man sehr wohl begreifen, daß es einen Gott gibt, ohne zu wissen, was er ist.»

legen dar, daß sich Pascal mathematischer Symbole bedient, um Göttliches zu beschreiben. Hier wird man fast zwangsläufig an Nikolaus von Cues und Johannes Kepler erinnert, die das unfaßbare Geheimnis «Gott» vor allem in der Harmonie geometrischer Konfigurationen gesehen haben. Pascal ist somit über das Wesen Gottes im Unklaren; steht diese Aussage nicht im Widerspruch zu den dogmatisch abgestützten oder auf der biblischen Offenbarung beruhenden Glaubensbekenntnissen des bisweilen intoleranten

Eiferers PASCAL? Doch erinnern wir uns seines Wortes aus dem Fragment 463 der *Pensées* (eine deutsche Übersetzung findet sich im Kapitel 1):

> «Soumission *et* usage de la raison, en quoi consiste le vrai christianisme.»

Wir wenden uns jetzt der eigentlichen *Wette* zu. Zunächst soll der allgemeine theoretische Rahmen kurz beschrieben werden, in den die konkreten Äußerungen PASCALs hineinpassen. Es geht um das sogenannte *Grundmodell der Entscheidungstheorie bei Unsicherheit*, einer modernen, anwendungsorientierten mathematischen Disziplin, in welche u.a. die ganze Inferenzstatistik eingebaut werden kann. (Näheres dazu findet man in [56].)

Sei $Z = \{z_1, z_2, \ldots, z_j, \ldots, z_n\}$ die Menge der relevanten *Zustände* der Natur oder der Umwelt und $A = \{a_1, a_2, \ldots, a_i, \ldots, a_m\}$ die Menge der verfügbaren *Aktionen* oder Entscheidungen, die dem Entscheidungsträger zustehen. Unter

$$g(a_i, z_j) = g_{ij} \qquad (i = 1, 2, \ldots, m, \qquad j = 1, 2, \ldots, n)$$

versteht man den resultierenden Gewinn bei Verwendung der Aktion a_i im Zustand z_j. Das Tripel (Z, A, g) stellt das Grundmodell der Entscheidungstheorie dar und ist matriziell in nachstehender Abbildung wiedergegeben.

Z \ A	p_1 / z_1	$p_2 \ldots$ / $z_2 \ldots$	$p_j \ldots$ / $z_j \ldots$	p_n / z_n
a_1	g_{11}	$\ldots$	$\vdots$	g_{1n}
a_2				$\vdots$
$\vdots$				
a_i	g_{i1}	$\ldots$	g_{ij} $\ldots$	g_{in}
$\vdots$			$\vdots$	$\vdots$
a_m	g_{m1}		$\ldots$	g_{mn}

Abb. 81 Grundmodell der Entscheidungstheorie bei Unsicherheit.

In gewissen Fällen darf über der Zustandsmenge Z eine Wahrscheinlichkeitsverteilung P angenommen werden.

$$P = \{p_1, p_2, \ldots, p_j, \ldots, p_n\}, \qquad p_j \geqq 0, \qquad \sum_{j=1}^{n} p_j = 1 .$$

Eine Aktion a_{i*} gilt dann als optimal (BERNOULLIkriterium), wenn für sie der *erwartete Gewinn* $E\,(a_{i*})$ am größten ist:

$$E(a_{i*}) = \sum_{j=1}^{n} g_{i*j} \cdot p_j \geqq E(a_i) \qquad \text{für alle } i\,.$$

Wir kehren nun zum Wortlaut von Fragment 451 der *Pensées* zurück [1, p. 1213], in dem PASCAL erklärt:

> «Examinons donc ce point et disons: Dieu est ou il n'est pas.»
>
> [«Laßt uns diesen Punkt prüfen und sagen: Gott existiert, oder er existiert nicht.»]

Der Mensch ist nun gezwungen, eine Entscheidung zu treffen; zwei Aktionen oder Entscheide stehen ihm zur Wahl, nämlich an Gott zu glauben (+) oder nicht an Gott zu glauben (−). Diesen Zwang zur Entscheidung umschreibt PASCAL mit

> «Oui mais il faut parier. Cela n'est pas volontaire, vous êtes embarqué.»
>
> [«Ja, aber man muß auf eines setzen, darin ist man nicht frei. Sie sind mit im Boot.»]

PASCAL – und das ist an sich schon fragwürdig – unterscheidet also nur je zwei Aktionen, resp. zwei Zustände. Wie geht er mit der *Bewertung*, d.h. mit den g_{ij} um?

> «Pesons le gain et la perte, en prenant croix (+) que Dieu est. Estimons ces deux cas: si vous gagnez, vous gagnez tout, si vous perdez, vous ne perdez rien.»
>
> [«Wägen wir Gewinn und Verlust für den Fall, daß wir auf Kreuz setzen, daß Gott ist. Schätzen wir diese beiden Möglichkeiten ab. Wenn Sie gewinnen, gewinnen Sie alles, wenn Sie verlieren, verlieren Sie nichts.»]

Hinsichtlich der Ungewißheit bezüglich der Zustände «Gott existiert», resp. «Gott existiert nicht» trifft PASCAL zunächst die extreme Annahme, daß die Wahrscheinlichkeiten auf Gewinn oder Verlust gleich groß seien («puisqu'il y a pareil hasard de gain et de perte»). Im übrigen meint PASCAL wörtlich:

> «Und so ist unsere Darlegung, bei gleicher Chance für Gewinn und Verlust, von unendlicher Überzeugungskraft, wenn *Endliches* in einem Spiel zu wagen und *Unendliches* (die Glückseligkeit) zu gewinnen ist.» [69]

Im Sinne des oben beschriebenen Grundmodells der Entscheidungstheorie könnte man die PASCALsche Problematik wie folgt schematisieren:

	$p_1 = \frac{1}{2}$ Gott existiert	$p_2 = \frac{1}{2}$ Gott existiert nicht
Glauben (+)	Ω	A
Nicht Glauben (−)	B	C

Abb. 82

Mit Ω soll ein gegenüber A, B und C unendlich großer Gewinn bezeichnet werden. Unter diesen Annahmen gilt nach dem BERNOULLIkriterium

$$E(+) = \tfrac{1}{2}(\Omega + A) > E(-) = \tfrac{1}{2}(B + C),$$

d.h. der erwartete Gewinn im Falle des «Glaubens» (+) übersteigt jenen im Falle des «Nicht Glaubens» (−); es lohnt sich deshalb, zu glauben. Selbstverständlich hat PASCAL nicht in der eben beschriebenen Art die erwarteten Gewinne dargestellt, aber seine entscheidungsorientierte theologische Argumentation geht sinngemäß in diese Richtung.

I. HACKING geht in seiner Studie *The great decision* [39, p. 63ff] im Sinne einer rationalen Analyse sehr weit, und E. COUMET sieht in der PASCALschen Studie sogar den Keim zu einer modernen Entscheidungs- und Spieltheorie[70] im Sinne von J. v. NEUMANN und O. MORGENSTERN [56]. Doch lassen wir von allzu gewagten Interpretationen ab, und wenden wir uns der prinzipiellen Bedeutung der PASCALschen Dialektik zu. Diese möchte keineswegs einen Gottesbeweis im Sinne von DESCARTES erbringen; eine Ansicht, die schon LEIBNIZ in einem Brief[71] vom Jahr 1678 geäußert hat:

> «Ce raisonnement (au sujet du pari) ne conclut rien de ce qu'on doit croire, mais seulement de ce qu'on doit faire.»
>
> [«Diese Schlußfolgerung sagt nichts aus, was man glauben, sondern was man tun muß.»]

In ähnlichem Sinne äußert sich der Theologe HANS KÜNG. Für ihn geht es in PASCALS Argumentation um eine grundlegende Konfrontation, die den ganzen Menschen herausfordert, eine Entscheidung unter Risiko, der man sich mit ebenso viel Sorgfalt zuwenden solle wie einer Entscheidung am Spieltisch oder im Leben überhaupt [60, p. 85].

Ungeachtet der mannigfachen offenen Fragen bezüglich Sinn und realem Bezug des Gedankenexperiments «Le pari» wird klar, daß PASCAL auch in dieser geistigen Auseinandersetzung, die mit der «Kunst zu überzeugen» (Kapitel 7) verwandt ist, neue Horizonte erschlossen hat. Vielleicht drängt sich hier ein weiteres Wort von NIETZSCHE auf, der im November 1888 schrieb:

> «PASCAL, den ich beinahe liebe, weil er mich unendlich belehrt hat; der einzige *logische* Christ» [68, p. 33].

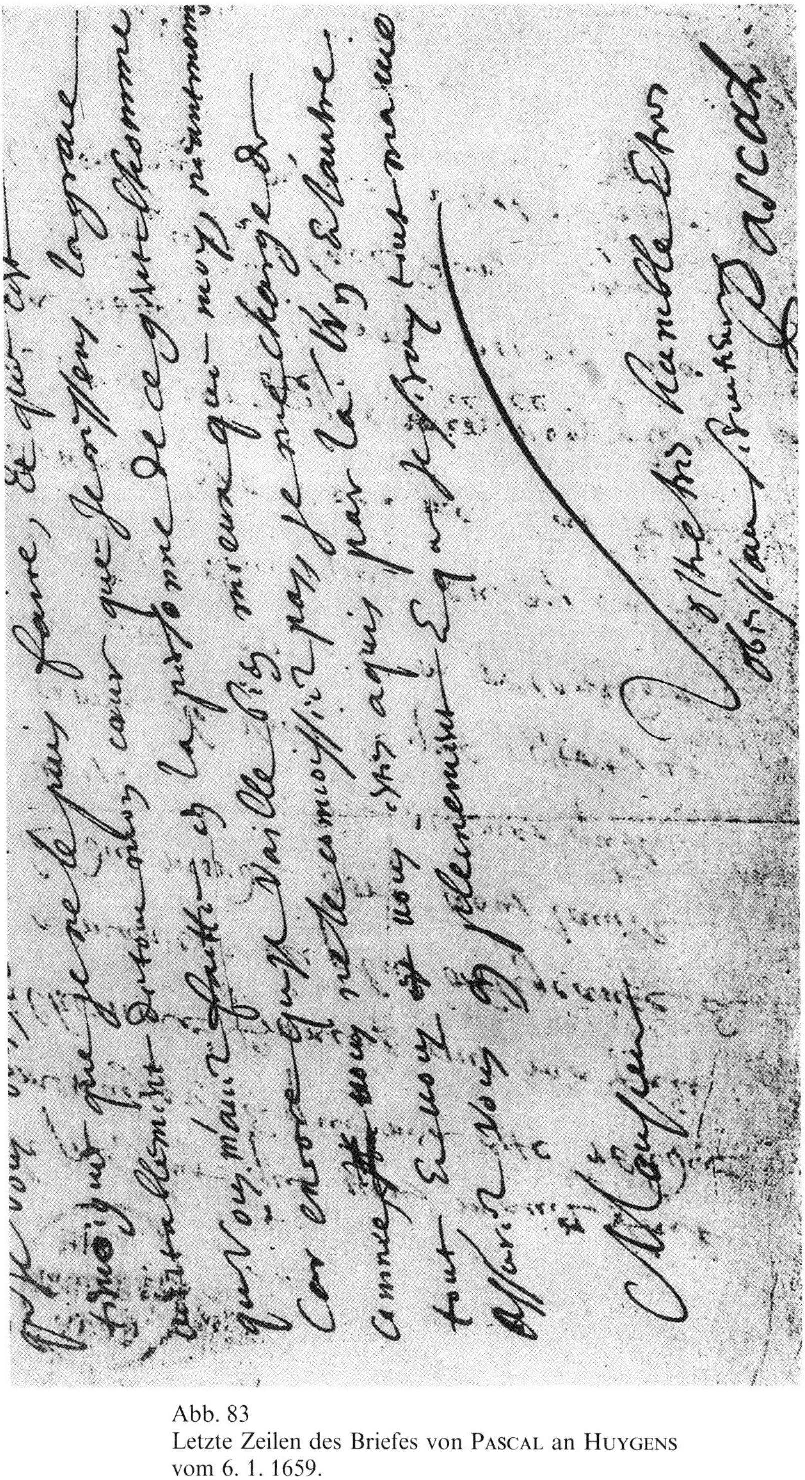

Abb. 83
Letzte Zeilen des Briefes von PASCAL an HUYGENS vom 6. 1. 1659.

10 Epilog

«Rien n'est si insupportable à l'homme que d'être dans un plein repos, sans passions, sans affaire, sans divertissement, sans application.»

[«Nichts ist für den Menschen unerträglicher als in voller Ruhe zu sein, ohne Leidenschaften, ohne Geschäft, ohne Ablenkung, ohne Einsatz.»]

(Aus dem Fragment 201 der *Pensées* [1, p. 1138])

PASCAL hat in seiner kurzen Lebenszeit – geplagt von einer chronischen Krankheit – ein gewaltiges Werk vollbracht, das aber (im Gegensatz zu DESCARTES) keine festgefügte Lehre oder Methode hinterläßt. Seine Persönlichkeitsstruktur ist schwer zu fassen und unmöglich in ein festes Schema einzuordnen. Er ist ein genialer Mathematiker und ausgezeichneter Experimentator und Konstrukteur, aber er lehnt die «rationalistische Verabsolutierung der Vernünftigkeit» ab [68, p. 16].

Im Gegensatz zu DESCARTES verwirft PASCAL eine nur auf der Vernunft basierende Wahrheitssuche; für ihn ist das «Herz» oder die Intuition eine ebenbürtige Quelle der Erkenntnis. Während DESCARTES das *Cogito ergo sum* (ich denke, also bin ich) prägte, könnte man PASCAL nach H. KÜNG die Losung *Credo ergo sum* (ich glaube, also bin ich) in den Mund legen.

«Nous connaissons la vérité, non seulement par la raison, mais encore pas le coeur.»

[«Wir erkennen die Wahrheit nicht mit der Vernunft allein, sondern auch mit dem Herzen.»]

PASCAL ist zweifelsohne als bedeutender Beweger in die Geschichte der Mathematik eingegangen. Seine diesbezüglichen Beiträge reichen von der projektiven Geometrie über das arithmetische Dreieck, die Wahrscheinlichkeitsrechnung, die Infinitesimalrechnung und wissenschaftstheoretische Erörterungen, bis hin zum Bau einer Rechenmaschine. Im Bereich der Physik hat er sich als sorgfältiger Experimentator ausgezeichnet und im Sinne von GALILEI klar erkannt, daß sich die Naturwissenschaften auf *zwei* Quellen der Erkenntnis abstützen müssen, nämlich auf die Mathematik und das Experiment.

Aber auch über den mathematischen Bereich hinaus hat PASCAL markante geistige Spuren hinterlassen, die für unsere Gegenwart immer noch aussagefähig sind. Gerade im Übergang zur Postmoderne liest man die Ausführungen PASCALS zum «esprit de géométrie» und «esprit de finesse» mit «neugeschärftem Problembewußtsein» [68, p. 17].

PASCAL war kein «linientreuer» Anhänger der Kirche und erst recht kein «Heiliger», aber nach NIETZSCHE «in der Vereinigung von Geist, Glut und Redlichkeit der erste aller Christen». Als einer der größten religiösen Denker Frankreichs reicht sein Einfluß wirkungsgeschichtlich über KIERKEGAARD, DOSTOJEWSKI, NIETZSCHE, FREUD und KAFKA bis hin zu den französischen Existentialisten der Gegenwart.

PASCALS Analyse der Situation des Menschen in der Welt trifft oft ins Zentrum einer Problematik, die besonders in unserer Zeit zunehmender Spezialisierung und daraus resultierender, gegenseitiger Verständnislosigkeit vordringlich geworden ist. So ist die Annäherung der «zwei Kulturen» zu einem brennenden Anliegen unserer Epoche geworden, welche die Folgen einer einseitigen kartesianischen Wissenschaftsgläubigkeit drastisch zu spüren bekommt. Auch die Frage der *Verantwortung in der Wissenschaft* ist bei PASCAL vorgezeichnet und in seinem Sinne beantwortet:

Die menschliche Vernunft hat sich letztlich dem göttlichen Gesetz zu unterwerfen, in dem allein die ethischen Normen enthalten sind, die uns die Wissenschaft nicht geben kann.

> «Bedenke ich die kurze Dauer meines Lebens, aufgezehrt von der Ewigkeit vorher und nachher; bedenke ich das bißchen Raum, den ich einnehme, und selbst den, den ich sehe, verschlungen von der unendlichen Weite der Räume, von denen ich nichts weiß, und die von mir nichts wissen, dann erschaudere ich und staune, daß ich hier und nicht dort bin.»
>
> (Aus dem Fragment 34 nach [62, p. 29])

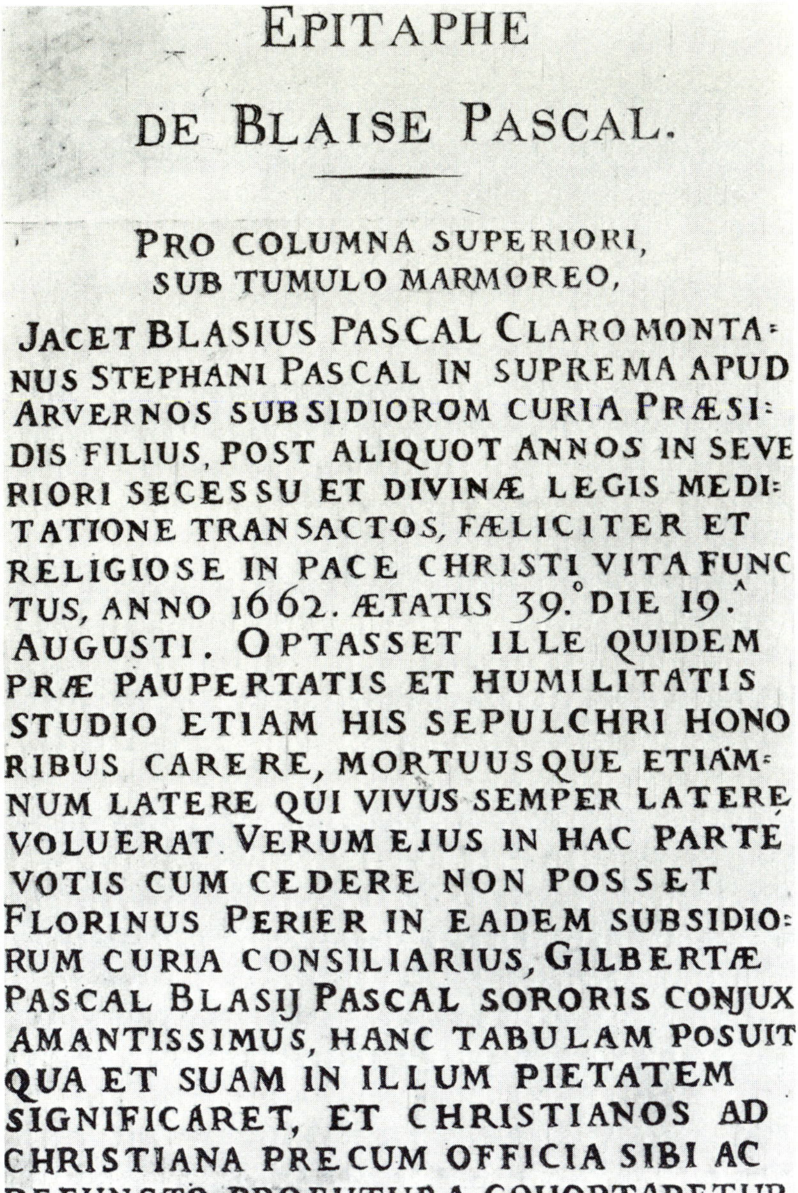

EPITAPHE

DE BLAISE PASCAL.

PRO COLUMNA SUPERIORI,
SUB TUMULO MARMOREO,

JACET BLASIUS PASCAL CLAROMONTA-
NUS STEPHANI PASCAL IN SUPREMA APUD
ARVERNOS SUBSIDIOROM CURIA PRÆSI-
DIS FILIUS, POST ALIQUOT ANNOS IN SEVE
RIORI SECESSU ET DIVINÆ LEGIS MEDI-
TATIONE TRANSACTOS, FÆLICITER ET
RELIGIOSE IN PACE CHRISTI VITA FUNC
TUS, ANNO 1662. ÆTATIS 39.° DIE 19.^
AUGUSTI. OPTASSET ILLE QUIDEM
PRÆ PAUPERTATIS ET HUMILITATIS
STUDIO ETIAM HIS SEPULCHRI HONO
RIBUS CARERE, MORTUUSQUE ETIAM-
NUM LATERE QUI VIVUS SEMPER LATERE
VOLUERAT. VERUM EJUS IN HAC PARTE
VOTIS CUM CEDERE NON POSSET
FLORINUS PERIER IN EADEM SUBSIDIO-
RUM CURIA CONSILIARIUS, GILBERTÆ
PASCAL BLASIJ PASCAL SORORIS CONJUX
AMANTISSIMUS, HANC TABULAM POSUIT
QUA ET SUAM IN ILLUM PIETATEM
SIGNIFICARET, ET CHRISTIANOS AD
CHRISTIANA PRECUM OFFICIA SIBI AC
DEFUNCTO PROFUTURA COHORTARETUR

Abb. 84
PASCALS Epitaph in Saint-Étienne-du-Mont.

11 Chronologie

	Blaise Pascal und Familie	Mathematik und Naturwissenschaft	Kultur und Politik
1623	Am 19. Juni wird Blaise Pascal in Clermont (Auvergne) geboren	Rechenmaschine von Wilhelm Schickard (1592–1635) für die vier Grundoperationen	Francis Bacon: *Die Würde und Mehrung der Wissenschaften*
1624		Henry Briggs führt dekadische Logarithmen ein	Kardinal Richelieu wird leitender Minister unter Ludwig XIII
1625	Geburt von Jacqueline Pascal	Geburt von Jan de Witt, niederl. Staatsmann, einer der Begründer der Versicherungsmathematik	
1626	Tod von Antoinette Pascal, geb. Bégon, Mutter von Blaise	Tod von Francis Bacon, empiristischer Philosoph	Peterskirche in Rom fertiggestellt
1627		Rudolphinische Tafeln (Planeten) von Johannes Kepler	
1629		Fermat entwickelt Methode zur Bestimmung von Extrema. Geburt von Christiaan Huygens, niederl. Mathematiker und Physiker	
1630		Johannes Kepler stirbt. Geburt von Isaac Barrow, einem Vorläufer Newtons	
1631	Vater Étienne Pascal zieht mit seinen drei Kindern nach Paris		
1632		Galilei: *Dialog über die Weltsysteme.* Geburt von Christopher Wren	Geburt von Baruch de Spinoza, Philosoph. Geburt von Jean-Baptiste Lully, französ. Komponist

1633			Galilei schwört vor der Inquisition die Kopernikanische Lehre ab
1635	*Traité des sons* (Abhandlung über die Töne)	Mersenne begründet in Paris die «Académie libre». Es erscheint die *Geometria indivisibilibus* ... von Cavalieri	Richelieu gründet die Académie Française
1636		Fermat begründet die analytische Geometrie und berechnet Integrale einfacher rationaler Funktionen	Gründung der ersten nordamerikanischen Universität Harvard in Cambridge (Mass.)
1637	Étienne Pascal und Roberval kritisieren den *Discours* von Descartes	*Géométrie* (analytique) von Descartes im Anhang des *Discours*	*Discours de la Méthode* von Descartes erscheint (Begründung des französischen Rationalismus)
1638	Étienne flüchtet nach Clermont in Folge einer Auseinandersetzung mit Richelieu	*Discorsi* von Galilei (Unterredungen und mathematische Demonstrationen über zwei neue Wissenszweige) erscheinen	
1639	Rückkehr der Familie nach Paris	*Brouillon project* von Girard Desargues (projektive Behandlung der Kegelschnitte)	
1640	*Essay pour les coniques* (Abhandlung über die Kegelschnitte) mit Pascalschem Satz		*Augustinus*, postumes Werk von Jansenius, Bischof von Ypern
1641		Descartes: *Meditationes de prima philosophia* erscheinen im Druck	
1642	Erste Anzeichen ernsthafter Erkrankungen von Blaise. Entwurf und ständiger Ausbau einer Rechenmaschine (Addition und Subtraktion)	Galilei stirbt im Alter von 78 Jahren	Tod des Kardinals Richelieu

	Blaise Pascal und Familie	Mathematik und Naturwissenschaft	Kultur und Politik
1643		Geburt von Isaac Newton. Experimente von Torricelli über den Luftdruck. Tod von P. Guldin, Jesuit und Mathematiker	König Ludwig XIII stirbt. Ludwig XIV («Sonnenkönig») wird sein Nachfolger. Nach dem Tod des Abbé de Saint-Cyran wird Arnauld jansenistischer Wortführer in Port-Royal
1645	Offizielle Präsentation eines funktionstüchtigen Modells der Rechenmaschine vor dem Kanzler Séguier		Alexej wird Zar von Rußland. Chalderon: *Das große Welttheater*
1646	Erste Kontakte mit den Jansenisten (sog. 1. Konversion). Experimente über den luftleeren Raum (Étienne Pascal und der Physiker P. Petit)	Geburt von G. W. Leibniz, Polyhistor, Philosoph und Mathematiker	
1647	Pascal und Descartes treffen sich persönlich am 23. und 24. Sept. Jacques Forton (Frère Saint-Ange) wird von Pascal denunziert. *Expériences nouvelles touchant le vide* (neue Experimente über das Vakuum)	E. Torricelli und B. Cavalieri (Schüler von Galilei) sterben. Père E. Noël (Jesuit) eröffnet mit Pascal ein Streitgespräch über den «Horror Vacui»	
1648	Experimente über den Luftdruck auf dem Puy-de-Dôme. *Récit de la grande expérience de l'équilibre des liqueurs* (Bericht vom großen Experiment über das Gleichgewicht von Flüssigkeiten). *Traité des Coniques*	Tod von Marin Mersenne, französ. Philosoph, Mathematiker und Naturforscher	Ende des 30-jährigen Krieges. Das Kloster Port-Royal wird nach Champs, in der Nähe von Versailles, verlegt
1649	Pascal erhält offiziell das Privileg für die Rechenmaschine	O. v. Guericke erfindet die Kolben-Luftpumpe	Descartes als Gast, Lehrer und Berater der Königin Christine von Schweden

1650			René Descartes stirbt. Erdbevölkerung ca. 500 Mio.
1651	Étienne Pascal stirbt am 24. September. Ausarbeitung des *Traité du Vide* (Unvollendete Abhandlung über den luftleeren Raum)		
1652	Brief an Königin Christine von Schweden, welcher Blaise ein Exemplar seiner Rechenmaschine überreicht. Beginn der sog. weltlichen Periode. Kontakte zu Chevalier de Méré, Duc de Roannez und anderen. Jacqueline Pascal tritt ins Koster Port-Royal ein	Vorführung der Rechenmaschine bei der Herzogin d'Aiguillon	
1653	Entstehung der Abhandlung *De l'équilibre des liqueurs* (Vom Gleichgewicht der Flüssigkeiten) und *De la masse de l'air* (Über das Gewicht der Luft)		Papst Innozenz X verdammt fünf Lehrsätze aus dem Buche *Augustinus* des Jansenius
1654	23. Nov.: mystisches Erweckungserlebnis, sog. 2. Konversion. Adresse à l'Académie parisienne (Programmatisches Schreiben). *Traité du triangle arithmétique* (Abhandlung über das sog. Pascal'sche Dreieck, Druck 1665). Erste Vorarbeiten zur Infinitesimalrechnung	Begründung der «klassischen Wahrscheinlichkeitsrechnung» durch Pascal und Fermat	Abdankung der Königin Christine von Schweden
1655	Pascal zieht sich zum erstenmal nach Port-Royal zurück. Es entsteht vermutlich sein *Abrége de la vie de' Jesus-Christ*	Geburt von Jakob Bernoulli, Begründer der mathematischen Statistik	Tod von P. Gassendi, kath. Philosoph und Naturforscher

	Blaise Pascal und Familie	Mathematik und Naturwissenschaft	Kultur und Politik
1656	Entstehung der *Pensées* (Apologie des Christentums)	Pascal korrespondiert indirekt mit Fermat und Huygens. Der englische Astronom Edmund Halley wird geboren	Verdammung von Arnauld (Wortführer der Jansenisten) durch die Sorbonne. Pascal beginnt mit den *Lettres à un Provincial* (Verteidigungsschrift gegen die Jesuiten)
1657	Fragmentarische Artikel: *L'esprit géométrique et l'art de persuader* (Der Geist der Mathematik und die Kunst zu überzeugen)	*Essai sur les éléments de la géométrie* (Lehrbuch für die Zöglinge von Port-Royal)	Die *Lettres provinciales* werden auf den Index gesetzt
1658	Erstes Preisausschreiben zur Zykloide (*Première lettre circulaire relative à la roulette*). *Histoire de la roulette* (Geschichte der Zykloide)	Pascal führt mathematischen Briefwechsel mit Lalouvère, Wren, Arnauld und de Carcavy (Infinitesimalrechnung, Zykloide)	Baruch de Spinoza wird aus der jüdischen Gemeinde ausgeschlossen
1659	Brief an Huygens (unter dem Pseudonym Dettonville), der sich mit der Rektifikation der Zykloide befaßt	Huygens entdeckt den ersten Saturnring. Das *Opusculum geometricum* von H. Fabry erscheint in Rom	Geburt von Alessandro Scarlatti, ital. Komponist
1660	Weiterführung der *Pensées*. Brief an Fermat mit testamentarischem Inhalt	Zusammenkunft Pascals mit Huygens. Gründung der Royal Society von London	
1661	Pascal verweigert die Unterzeichnung des «Formulars», welches den Jansenismus verdammen sollte. Jacqueline stirbt	R. Boyle: *The sceptical Chymist*	Bedrängnis in Port-Royal, wo die sog. «Petites écoles» aufgelöst werden. König Ludwig XIV übernimmt die absolute Herrschaft über Frankreich
1662	Erwerb eines Patents für ein gemeinnütziges Transportunternehmen, der ersten Pariser Omnibuslinie. Am 19. Aug. stirbt Blaise Pascal im Alter von 39 Jahren und zwei Monaten	John Graunt (1620–1674) berechnet eine Sterbetafel für London	

1663		Schriften von Descartes kommen auf den Index	
1664		Spinoza: *Prinzipien der cartesianischen Philosophie*	Beginn der Jansenistenverfolgung
1666			Gründung der Pariser Akademie der Wissenschaften
1669	Die erste Ausgabe der *Pensées* erscheint		
1685			Geburt von J. S. Bach
1700			Gründung der «Berliner Sozietät», der späteren Preussischen Akademie der Wissenschaften
1709			Die Klosteranlage in Port-Royal wird dem Erdboden gleichgemacht

Anmerkungen

1 Man nennt diese Quartik auch *Konchoide des Kreises*. Cf. [14, p. 882]; [70, Bd. 1, p. 147]; BRONSTEIN-SEMENDJAJEW, *Taschenbuch der Mathematik*, Verlag Harry Deutsch, Zürich 1971, p. 85–87.

2 *La vie de Monsieur Pascal ...*, in: [1, p. 3ff].

3 Um 308 v. Chr. von ZENON von Kition in Athen gegründete Philosophenschule; sie steht im Gegensatz zur Lustlehre der Epikureer.

4 Es handelt sich um den Außenwinkelsatz im Dreieck (Buch I der *Elemente*).

5 *Discours de la méthode pour bien conduire sa raison et trouver la vérité dans les sciences* (Abhandlung über die Methode des richtigen Vernunftgebrauchs und der wissenschaftlichen Wahrheitsforschung). Im Anhang findet sich die *Géométrie*, ein erster Entwurf der «analytischen Geometrie».

6 Wenn man von einer kleinen Schrift über die Töne (*Théorie des sons*) absieht.

7 Man vergleiche dazu die Abb. 26 in Kapitel 2.

8 Benannt nach einem Pfarrer von Rouville bei Rouen. Cf. [18, p. 158].

9 «Die Verbindung von Glauben und Vernunft».

10 Nach seinen eigenen Aussagen soll PASCAL nach dem zwanzigsten Altersjahr keinen Tag ohne Schmerzen verlebt haben.

11 Cf. Kapitel 8 und [1, p. 370ff].

12 Politische Bewegung des französischen Hochadels und des Pariser Parlaments (des Gerichtshofes), welche u.a. die staatliche Steuerpolitik bekämpfte.

13 Herzogin, Nichte von RICHELIEU.

14 Cf. Kapitel 5.

15 Cf. Kapitel 7.

16 Unter einem «magischen Quadrat» versteht man eine quadratische Anordnung verschiedener natürlicher Zahlen, in welcher die Summe der Zahlen jeder Zeile, jeder Kolonne und der beiden Hauptdiagonalen konstant ist.

17 Zu drei in einer Ebene liegenden gegebenen Kreisen soll ein vierter konstruiert werden, der alle drei Kreise berührt. FRANÇOIS VIÈTE gab 1600 in seinem *Apollonius Gallus* eine elementare Lösung, von welcher ISAAC NEWTON eine elegante Variante in seinen *Principia mathematica* 1687 (Liber I, Sectio IV, Lemma 16) gab.

18 Zu PASCALS Zeiten stand «Geometrie» noch stellvertretend für Mathematik überhaupt.

19 Analytische Verfahren der Wahrscheinlichkeitsrechnung und Statistik.

20 In [18, p. 39] ist eine Zelle der Herren («Solitaires») von Port-Royal abgebildet.

21 Teil der Moralphilosophie (primär von den Jesuiten ausgebildet), der für bestimmte Vorkommnisse das genaue Verhalten des Gewissens untersucht.

22 PASCAL trug stets eine Uhr im Ärmel – damals etwas völlig Ungewöhnliches.

23 Diese Gegenstände kommen im Kapitel 7 ausführlich zur Sprache.

24 *Rollkurve*, die ein fester Punkt des Umfangs eines reibungsfrei auf einer Geraden rollenden Kreises beschreibt.

25 «Geschichte der Zykloide». Cf. [1, p. 194ff].

26 Französischer Originaltext in [1, p. 522ff].

27 Cf. Eingangszitat von Kapitel 9.

28 «Das Herz hat Gründe, die der Verstand nicht kennt».

29 «Gott möge mich nie verlassen».

30 «Qu'est-ce que l'homme dans la nature? Un néant à l'égard de l'infini, un tout à l'égard du néant, un milieu entre le néant et l'infini».

31 Französische Hafenstadt am Atlantik, Sicherheitsplatz der Hugenotten, unter RICHELIEU nach hartnäckiger Belagerung 1628 eingenommen.

32 Die projektive Geometrie untersucht Eigenschaften (z. B. das *Doppelverhältnis*), die bei Zentralprojektion invariant bleiben.

33 Cf. [1, p. 3f].

34 «Mystisches Sechseck» – so benannt nach PASCAL.

35 Sie bedient sich zum Aufbau der Geometrie (im Gegensatz zur analytischen Geometrie) nur arteigener Grundbegriffe wie *Punkt*, *Gerade*, *Inzidenz*, *Kongruenz* etc.

36 Cf. Anmerkung 5.

37 Einführung in die ebenen (Gerade und Kreis) und körperlichen Örter (Kegelschnitte). Dieses Werk erschien erst postum in den *Varia opera mathematica*, Toulouse 1679.

38 Im Altertum und im Mittelalter verwendeter Rechentisch.

39 «Ich finde keine Worte, um Ihrer Hoheit meine Dankbarkeit zu erweisen».

40 «Notwendige Anleitung für jene, die Interesse bezeugen, die Rechenmaschine zu sehen und sich ihrer zu bedienen».

41 Cf. Personentafel.

42 Benannt nach der *Coss*, einer Frühform der Algebra im 15. und 16. Jahrhundert.

43 Cf. [23, p. 404ff].

44 Die Diagonale 5 – 5 besteht aus den Zahlen 1, 4, 6, 4, 1 oder allgemein H, E, C, R, μ.

45 Unter «apotôme» hat man sich einen mehrgliedrigen Ausdruck von der Form $(a + b + c + d)$ vorzustellen.

46 In moderner Terminologie gilt

$$\Sigma n = \sum_{i=0}^{n-1} \binom{m+n-1}{i}.$$

47 Der *Astragalus* ist ein antikes Spielsteinchen («Würfelknochen»). Cf. [76].

48 «Spielender Mensch».

49 Es geht um die Auflösungsformel der allgemeinen Gleichung 3. Grades, die TARTAGLIA gefunden und CARDANO veröffentlicht hat.

50 Nach POISSON ist eine wichtige Wahrscheinlichkeitsverteilung benannt, die in den Anwendungen eine zentrale Rolle spielt.

51 Bei diesem «Weltmann» wird es sich um den Chevalier DE MÉRÉ gehandelt haben.

52 Nimmt die Zufallsgröße X die Werte $(x_1, x_2, \ldots, x_n)$ mit den Wahrscheinlichkeiten $(p_1, p_2, \ldots, p_n)$, $p_j \geqq 0$, $\Sigma p_j = 1$ an, so versteht man unter dem Erwartungswert von X: $E(X) = x_1 p_1 + x_2 p_2 + \ldots + x_n p_n$.

53 «Le hasard est égal» bedeutet: die Chancen stehen gleich, also je 50% Wahrscheinlichkeit bei nur zwei Alternativen.

54 Die Wahrscheinlichkeit wird definiert mit $p = \frac{g}{m}$, wobei m die Anzahl (gleichwahrscheinlicher) «möglicher» und g die Anzahl «günstiger» Fälle bedeuten.

55 Diese Erklärung tritt bei HUYGENS als Lehrsatz auf, was aus moderner Sicht nicht ohne weiters verständlich ist.

56 Sei X eine Binomialvariable, dann besagt das «Gesetz der großen Zahl»:

$$\lim_{n \to \infty} p \left\{ \left| \frac{X}{n} - p \right| < \varepsilon \right\} = 1 \quad \text{für jedes } \varepsilon > 0.$$

57 Latinisiert: GREGORIUS A S. VINCENTIO.

58 Cf. den Abschnitt «Volumenberechnungen und Integraltransformationen» in Kapitel 6.

59 $\int_0^a x^{p/q}\,dx, \quad \text{mit } p, q \in \mathbb{N}.$

60 «GULDINsche Regel» für das Volumen eines Rotationskörpers: Das Volumen eines Rotationskörpers ist gleich dem Produkt aus der erzeugenden Fläche und dem Weg ihres Schwerpunktes.

61 Abhandlung über «Kurvendreiecke» und ihre adjungierten Körper («Hufe»).

62 Eine deutsche Übersetzung würde den mathematischen Gehalt nicht näher bringen, weshalb darauf verzichtet wird.

63 Unter «Summation» hat man sich – auch im Sinne von PASCAL – eine Integration vorzustellen.

64 Die Titel stammen nicht von PASCAL. – Deutsche Übersetzungen findet man in [58] und [66a], letztere mit direkter Gegenüberstellung des Urtextes. Einen ausführlichen und fundierten Kommentar gibt SCHOBINGER in [66].

65 Logische Schlußregeln, die auf ARISTOTELES zurückgehen.

66 Namen für die Struktur spezieller Syllogismen in der ersten bzw. vierten aristotelischen Schlußfigur.

67 Im vulkanischen Bergmassiv südlich von Clermont-Ferrand.

68 «Ehrenhaftigkeit» oder «natürliche Höflichkeit».

69 PASCALS Argumentation, wie sie im folgenden dargelegt wird, behält ihre Gültigkeit, auch wenn die Voraussetzung der Gleichwahrscheinlichkeit der Existenz und Nichtexistenz Gottes abgeschwächt wird zur Voraussetzung, es bestehe eine positive (möglicherweise sehr kleine) Wahrscheinlichkeit für die Existenz Gottes. So schreibt PASCAL: «Überall, wo das Unendliche ist und keine unendlich große Wahrscheinlichkeit des Verlustes der des Gewinnens gegenübersteht, gibt es nichts abzuwägen, muß man alles bringen». Cf. [39] sowie [62, p. 120].

70 Es handelt sich hier um die Theorie der *strategischen* Spiele.

71 LEIBNIZ an den Kurfürsten JOHANN FRIEDRICH von Hannover. Cf. *Allgemeiner Politischer und Historischer Briefwechsel*, Darmstadt 1927, Bd. II, p. 112.

Literatur

[1] B. PASCAL: *Oeuvres complètes*, Edition Jacques Chevalier, Bibliothèque de la Pléiade, Editions Gallimard, Paris 1954.

[2] B. PASCAL: *Oeuvres complètes*, Edition L. Brunschvicg, P. Boutroux, F. Grazier, 14 vols., Paris 1908–1914, (Grands Ecrivains de la France), Nachdr. 1966.

[3] R. TATON: *Blaise Pascal*, in: *Dictionary of Scientific Biography*, Vol. X, New York 1974, p. 330–342.

[4] R. TATON (Ed.): *L'oeuvre scientifique de Pascal*, Presses Universitaires de France, Paris 1964.

[5] H. MESCHKOWSKI: *Denkweisen großer Mathematiker*, Vieweg, Braunschweig 1967.

[6] N. BOURBAKI: *Elemente der Mathematikgeschichte*, Vandenhoek & Ruprecht, Göttingen 1971.

[7] J. ITARD: *Pierre Fermat*, Beiheft Nr. 10 zur Zeitschrift *Elemente der Mathematik*, Birkhäuser, Basel 1950[1], 1979[2].

[8] A. RÉNYI: *Briefe über die Wahrscheinlichkeit*, Birkhäuser, Basel 1969.

[9] O. ØYSTEIN: *Pascal and the invention of probability theory*, American Mathematical Monthly, 67, p. 409–419.

[10] J. E. HOFMANN: *Im Gedenken an Blaise Pascals Todestag* (19. VIII. 1662), in: *Praxis der Mathematik*, 4, (1962), H. 12, p. 309–314.

[11] H. BOSMANS: *Sur l'oeuvre mathématique de Pascal*, in: *Revue des Questions scientifiques*, 1924, p. 130–161, 424–451.

[12] H. LOEFFEL: *Glücksspiel und Markovketten*, in: *Elemente der Mathematik*, Vol. 29/6, 1974, p. 142–149.

[13] F. NAGEL: *Nicolaus Cusanus und die Entstehung der exakten Wissenschaften*, BCG 9, Münster 1984.

[14] M. CANTOR: *Vorlesungen über Geschichte der Mathematik*, Bde. II und III, 2. A., Leipzig 1900–1901.

[15] H. SCHOLZ: *Der klassische und der moderne Begriff einer mathematischen Theorie*, Math.-Phys. Semesterberichte, 3, 1953.

[16] P. MONTEL: *Pascal Mathématicien*, Université de Paris, 1950.

[17] I. SZABÓ: *Geschichte der mechanischen Prinzipien und ihrer wichtigsten Anwendungen*, Birkhäuser, Basel 1977[1], 1979[2], 1987[3].

[18] A. BÉGUIN: *Blaise Pascal*, Rowohlt Taschenbuch Nr. 26, Hamburg 1959.

[19] R. SCHNEIDER: *Pascal*, Fischer Bücherei, Hamburg 1954.

[20] E. A. FELLMANN: *Die mathematischen Werke von Honoratus Fabry*, Physis, Vol. I, Fasc. I e II, Firenze 1959.

[21] J. E. WASMUTH: *Blaise Pascal, über die Religion und über einige andere Gegenstände (Pensées)*, Ex Libris, Zürich 1977.

[22] W. GELLERT et al. (eds.): *Kleine Enzyklopädie der Mathematik*, Leipzig und Basel 1965.

[23] B. L. VAN DER WAERDEN: *Die Pythagoreer*, Artemis, Zürich 1979.

[24] J. J. BURCKHARDT: *Lesebuch der Mathematik*, Räber, Luzern 1968.

[25] C. I. Gerhardt: *Der Briefwechsel von G. W. Leibniz mit Mathematikern*, Berlin-Halle 1849–63, Reprint Olms, Hildesheim 1962.

[26] K. HARA: *Pascal et Wallis au sujet de la cycloide I*, Ann. Jap. Assoc. Philos. Sci., 3, (1969), p. 166–187.

[27] F. N. DAVID: Games, *Gods and Gambling*, Charles Griffin, London 1962.

[28] R. TATON: *L' oeuvre mathématique de G. Desargues*, Presses Universitaires de France, Paris 1951.

[29] H. FREUDENTHAL: *Zur Geschichte der vollständigen Induktion*, Arch. Int. Hist. Sci., 22, 1953.

[30] H. BOSMANS: *Note historique sur le triangle arithmétique dit de Pascal*, Ann. Soc. Scient. Bruxelles, t. XXXI, p. 65–72.

[31] H. WUSSING, W. ARNOLD: *Biographien bedeutender Mathematiker*, Aulis Verlag Deubner Co., Köln 1978.

[32] J. P. FLAD: *Les trois premières machines à calculer*, Université de Paris, Palais de la découverte, 1963.

[33] F. HAMMER: *Nicht Pascal, sondern der Tübinger Professor Wilhelm Schikkard, erfand die Rechenmaschine*, Büromarkt, Vol. 13, 1958, p. 1023–1025.

[34] D. DIDEROT (et al.): *Dictionnaire encyclopédique des mathématiques*, I, 136–142, III, planche 2, Mathématiques, Paris 1789.

[35] S. SAMBURSKY: *Der Weg der Physik*, Artemis Verlag, Zürich 1975.

[36] J. C. POGGENDORF: *Geschichte der Physik*, Leipzig 1879.

[37] R. BREFIN: *Pascal als Naturforscher*, Probevorlesung, Universität Basel 1871, (Typoskript in Privatbesitz von E. A. Fellmann, Basel).

[38] E. HOPPE: *Geschichte der Physik*, Vieweg, Braunschweig 1926.

[39] I. HACKING: *The emergence of probability*, Cambridge University Press, Cambridge 1978.

[40] I. TODHUNTER: *History of the theory of probability*. (Reprint) Chelsea Publ. Co. Bronx, New York 1965.

[41] G. GALILEI: *Unterredungen und mathematische Demonstrationen ...*, Ostwald's Klassiker der exakten Wissenschaften, Nr. 11, Reprint Darmstadt 1985.

[42] J. BERNOULLI: *Werke*, Bd. 3, (Ed. B. L. van der Waerden), Birkhäuser, Basel 1975.

[43] H. LOEFFEL: *Über die Anfänge der Wahrscheinlichkeitsrechnung*, Mitt. Verein. Schweiz. Versich'math., Bd. 76, H. 2, 1976.

[44] F. BARTH, R. HALLER: *Stochastik*, Verlag Ehrenwirth, München 1985.

[45] R. INEICHEN: *Stochastik · Einführung in die elementare Statistik und Wahrscheinlichkeitsrechnung*, Räber, Luzern 1984[6].

[46] H. BÜHLMANN: *Die «Geburtsstunde» der mathematischen Statistik*, Vierteljahrsschrift der Naturf. Ges. in Zürich, Jg. 109, H. 3, 1964.

[47] O. ØYSTEIN: *Cardano, the gambling scholar*, Princeton University Press, 1953, Reprint Dover Publ., New York 1965.

[48] M. FIERZ: *Girolamo Cardano* (1501–1576), Poly 4, Birkhäuser, Basel 1977.

[49] A. RÉNYI: *Dialoge über die Mathematik*, Birkhäuser, Basel 1967.

[50] J. BERNOULLI: *Wahrscheinlichkeitsrechnung* (*Ars conjectandi*), Ostwald's Klassiker der exakten Wissenschaften, Nr. 107, Leipzig 1899. Im 1. Teil: Beitrag von Christian Huygens, mit Anmerkungen von R. Haussner.

[51] J. DIEUDONNÉ: *Geschichte der Mathematik* 1700–1900 · *Ein Abriß*, Vieweg, Braunschweig 1985.

[52] E. COUMET: *La théorie du hasard est-elle née par hasard?*, Annales: Économies, sociétés, civilisation, 5, 1970, p. 574–598.

[53] H. FREUDENTHAL, H.-G. STEINER: *Aus der Geschichte der Wahrscheinlichkeitsrechnung und Statistik*, in: *Grundzüge der Mathematik*, Bd 4, Göttingen 1966.

[54] L. BRUNSCHVICG: *Pascal*, in: *Maîtres des littératures*, Les Éditions Rieder, Paris 1937.

[55] K.-R. BIERMANN: *Über eine Studie von G. W. LEIBNIZ zu Fragen der Wahrscheinlichkeitsrechnung*, in: *Forschung und Fortschritte*, 29. Jg., H. 4, Akademie Verlag, Berlin 1955.

[56] H. BÜHLMANN, H. LOEFFEL, E. NIEVERGELT: *Entscheidungs- und Spieltheorie*, Springer Verlag, Berlin-Heidelberg-New York 1975.

[57] R. GUARDINI: *Christliches Bewußtsein – Versuche über Pascal*, DTV, München 1962.

[58] E. WASMUTH: *Blaise Pascal · Die Kunst zu überzeugen*, Verlag Lambert Schneider, Berlin 1938.

[59] A. RICH: *Blaise Pascal · Verwegener Glaube*, Imba Verlag, Freiburg CH 1979.

[60] H. KÜNG: *Existiert Gott?*, Verlag R. Piper, München 1978.

[61] J. MESNARD: *Pascal*, Verlag Hatier, Paris 1962.

[62] B. PASCAL: *Gedanken*, Ed. E. Wasmuth, Reclam, Stuttgart 1967.

[63] C. P. SNOW: *Die zwei Kulturen*, Klett, Stuttgart 1967.

[64] J. STEINMANN: *Pascal*, Schwabenverlag, Stuttgart 1954.

[65] M. THÜRKAUF: *Die Gottesanbeterin*, Christiana Verlag, Stein am Rhein 1984.

[66] J.-P. SCHOBINGER: *Kommentar zu Pascals Reflexionen über die Geometrie im Allgemeinen*, Schwabe Verlag, Basel 1974.

[66a] J.-P. SCHOBINGER: *Réflexions sur la géométrie en général*, Beilage zu [66], Schwabe Verlag, Basel 1974.

[67] A. SCHENKER, H. KLEISLI (et al.): *Vérité et recherche (Die Wahrheit als Forschungsprinzip)*, Ed. Univ. Fribourg 1983.

[68] W. JENS, H. KÜNG: *Dichtung und Religion*, Verlag Kindler, München 1985.

[69] H. U. v. BALTHASAR: *Pascal et Port-Royal*, Librairie Arthème Fayard, Paris 1962.

[70] G. LORIA: *Spezielle algebraische und transzendente Kurven*, 2 Bde., (ed. Fritz Schütte), Leipzig 1910^2, 1911^2.

[71] M. CANTOR: *Blaise Pascal*, Preuss. Jahrbücher, XXXII, p. 212–237.

[72] K. BOPP: *Antoine Arnauld, der große Arnauld, als Mathematiker*, Abh. z. Gesch. d. math. Wiss., 14, Leipzig 1902, p. 187–338.

[73] H. SCHOLZ: *Pascals Forderungen an die mathematische Methode*, in: *Festschrift zum* 60. *Geburtstag von Prof. Dr. Andreas Speiser*, Orell Füssli Verlag, Zürich 1945.

[74] F. CAJORI: *A history of mathematics*, New York 1894^1, 1913^2, 1922^3.

[75] J. E. HOFMANN: *Geschichte der Mathematik*, II, Sammlung Göschen Bd. 875, Walter de Gruyter & Co., Berlin 1957.

[76] R. INEICHEN: «*Die Wahrscheinlichkeit ist nämlich ein Grad der Gewißheit ...*», Bull. Soc. Frib. Sc. Nat. *75 (1/2)*, 59–93 (1986).

[77] M. KLINE: *Mathematical Thought from Ancient to Modern Times*, Oxford University Press, New York 1972.

[78] E. KNOBLOCH: *Die mathematischen Studien von G. W. Leibniz zur Kombinatorik*, Studia Leibnitiana, Supplementa XI, Franz Steiner Verlag, Wiesbaden 1973.

[79] J. E. HOFMANN: *Leibniz in Paris* 1672–1676 · *His growth to mathematical Maturity*, Cambridge University Press, Cambridge 1974.

[80] F. VAN SCHOOTEN: *Exercitationum mathematicarum libri quinque*, Leyden 1657.

Personentafel

Literaturhinweis:
Die meisten der nachstehend genannten Personen sind werkbiographisch kompetent abgehandelt im sechzehnbändigen *Dictionary of Scientific Biography*, Ed. Ch. C. Gillispie, Scribner, New York 1970–1980.

ALEMBERT, JEAN-BAPTISTE LE ROND D' (1717–1783):
Französischer Mathematiker, Physiker, Philosoph und Literat. Mitarbeiter an der von DIDEROT herausgegebenen großen «*Encyclopédie*».

APIANUS, PETRUS [BIENEWITZ od. BENNEWITZ, PETER] (1495–1552]:
Deutscher Kartograph, Mathematiker und Astronom.

APOLLONIOS VON PERGE (fl. 275 v. Chr.):
Griechischer Mathematiker und Astronom aus Perge in Pamphylien (Kleinasien). Autor des klassischen Handbuches der Kegelschnittlehre (*Conica*).

ARCHIMEDES von Syrakus (um 287–212):
Griechischer Mathematiker und Physiker. Erste Flächen- und Volumenberechnungen im Sinne von Integrationen: Kreis und Kugel, Parabelfläche und Rotationsparaboloid (Konoïd), Spirale konstanter Breite («Archimedische Sp.»). Hydrostatik, Starrkörpermechanik (Hebelgesetze), «Sandrechnung», Brennspiegel.

ARISTOTELES von Stagira (384–322):
Griechischer Philosoph und Naturforscher (Schüler PLATONS). Wohl der bedeutendste, sicher aber der einflußreichste Philosoph des Abendlandes bis ins 17. Jahrhundert. Höchste Autorität für die gesamte mittelalterliche Scholastik.

ARNAULD, ANTOINE (1612–1694):
Mathematiker und bedeutender Theologe; Hauptsprecher des Jansenismus von Port-Royal. Mit seinen *Nouveaux éléments* erneuerte er den geometrischen Elementarunterricht.

AUGUSTINUS, AURELIUS (354–430):
Heiliger und größter lateinischer Kirchenlehrer des christlichen Altertums. Auf ihn berufen sich u. a. die Jansenisten.

BERNOULLI, JAKOB (1655–1705):
Basler Mathematiker von erstrangiger Bedeutung. Wesentlich beteiligt an der frühen Ausgestaltung des Infinitesimalkalküls sowie an der ersten Konzeption der Variationsrechnung. Begründer bzw. Entdecker des «Gesetzes der großen Zahl».

Bossut, Charles (1730–1814):
Französischer Mathematiker. Edierte 1779 die Werke von Pascal. Ihm verdankt man ferner eine wichtige «Geschichte der Mathematik» in zwei Bänden.

Cantor, Georg (1845–1918):
Deutscher Mathematiker von nachhaltigem Einfluß. Begründer der «transfiniten Mengenlehre». Seine Werke sind stark von philosophischem Geist durchdrungen.

Carcavi, Pierre de (1600–1684):
Parlamentsrat, königlicher Bibliothekar und Mathematiker. Befreundet mit Fermat, dessen hohe mathematische Qualitäten er wahrscheinlich als erster entdeckte. Außer mit Pascal korrespondierte er u.a. mit Galilei, Mersenne, Descartes, Torricelli und Huygens.

Cardano, Girolamo (1501–1576):
Italienischer Arzt, Philosoph und Mathematiker. Neben algebraischer Gleichungslehre finden sich bei ihm erste Ansätze zur Wahrscheinlichkeitsrechnung.

Cavalieri, Bonaventura (1598–1647):
Italienischer Mathematiker, Schüler von Galilei. Mittels der von ihm entwickelten «Indivisibiliengeometrie» gelangen ihm Quadraturen und einfachere Kubaturen als Vorform des Integralkalküls.

Cusanus, Nicolaus [Niklaus von Cues] (1401–1464):
Deutscher Philosoph, Theologe, Astronom und Mathematiker. In seiner *De docta ignorantia* (1440) gelangt er zu Konsequenzen kosmologischer Art, die das überlieferte aristotelische Weltbild in Frage stellten. Steht an der Grenzscheide zwischen Mittelalter und Neuzeit und bekennt sich zum heliozentrischen Weltsystem (100 Jahre vor Kopernicus!). Versuche zur Kreisquadratur.

Desargues, Girard (1591–1661):
Französischer Architekt und Mathematiker. Begründer der projektiven Geometrie. Von entscheidendem Einfluß auf Pascal.

Descartes, René (1596–1650):
Französischer Philosoph, Mathematiker und Naturwissenschafter. Begründer des modernen Rationalismus. Seine Schriften bilden Marksteine in der Wissenschaft der Neuzeit. Hauptwerk ist der *Discours de la méthode* (1637). D. ist neben Fermat Mitbegründer der analytischen Geometrie.

Diderot, Denis (1713–1784):
Brillanter französischer Schriftsteller, Philosoph und Naturwissenschafter. Hauptredaktor der großen «*Encyclopédie*». Betätigte sich auch als Mathematiker.

Eudoxos von Knidos (ca. 408–ca. 355):
Griechischer Mathematiker, Naturforscher und Astronom. Von starkem Einfluß auf Archimedes und Euklid.

FABRY, HONORÉ (1607–1688):
Französischer Mathematiker, Physiker, Philosoph und Theologe (Jesuit). Arbeiten zur Infinitesimalrechnung im Stil CAVALIERIS, jedoch unter Hinzunahme des «Fluxusbegriffes». Später Großinquisitor liberaler Observanz in Rom.

FERMAT, PIERRE DE (1601–1665):
Französischer Jurist und Parlamentsrat in Toulouse. Hervorragender Mathematiker (Zahlentheorie, Analytische Geometrie, Infinitesimalrechnung). Mitbegründer der Wahrscheinlichkeitsrechnung.

GASSENDI, PIERRE (1592–1655):
Philosoph, Naturforscher und Theologe. Professor der Mathematik am Collège Royal in Paris. Gegner der Aristotelischen Scholastik und einer der bekanntesten «libertins» im 17. Jahrhundert.

GIDE, ANDRÉ (1869–1951):
Französischer Schriftsteller; Nobelpreisträger für Literatur.

GRAUNT, JOHN (1620–1674):
Englischer Textilwarenhändler, Demograph und Statistiker. Berechnete als erster eine Sterbetafel für die Bevölkerung Londons. 1662 Fellow der «Royal Society».

GREGORIUS A S. VINCENTIO [GRÉGOIRE DE ST. VINCENT] (1584–1667):
Flämischer Jesuit. Seine Arbeiten über Infinitesimalrechnung haben sowohl PASCAL als auch LEIBNIZ stark beeinflußt.

GUARDINI, ROMANO (1885–1968):
Italienischer katholischer Religionsphilosoph und Theologe.

HÉRIGONE, PIERRE (+ ca. 1643):
Mathematiker und Astronom. In Weiterbildung der Ideen von VIÈTE suchte er die Algebra zu entverbalisieren in Richtung einer «mathesis universalis».

HILBERT, DAVID (1862–1943):
Vater der modernen mathematischen Axiomatik. Er formulierte 1900 «seine» 23 fundamentalen Probleme, welche als «Programm» die Entwicklungstendenz der mathematischen Forschung für die folgenden Jahrzehnte wesentlich mitbestimmt haben.

HUYGENS, CHRISTIAAN (1629–1695):
Bedeutendster niederländischer Mathematiker und Physiker seines Jahrhunderts. Pionierleistungen in der Optik, Pendelgesetze und Pendeluhr. Als Mathematiker u.a. exakte Quadraturen und ein grundlegendes Werk über Wahrscheinlichkeitsrechnung. Richtige Deutung der «Henkel» des Planeten Saturn als Ringe.

JANSEN[IUS], CORNELIUS (1585–1638):
Niederländischer katholischer Theologe. Seit 1636 Bischof von Ypern. Mit seinem Augustinus-Buch begründete er den streng augustinischen «Jansenismus».

KÜNG, HANS (geb. 1928):
Schweizer Fundamentaltheologe. Setzt sich in [60, p. 23–154] mit der Beziehung zwischen Naturwissenschaft und Religion auseinander.

LA HIRE, PHILIPPE DE (1640–1718):
Französischer Maler, Mathematiker, Astronom und Physiker. Einer der ersten Schüler von DESARGUES. Sein Buch über die Kegelschnitte (1685) übte einen starken Einfluß u.a. auf NEWTON aus. Arbeiten über Meteorologie, Astronomie und Architektur. Studien über Epizykloiden.

LALOUVÈRE, ANTOINE [LALOVERA, LALOUÈRE] (1600–1664):
Französischer Mathematiker, Jesuit, Professor in Toulouse. Beteiligte sich am PASCALschen Preisausschreiben über die Zykloidenprobleme.

LEIBNIZ, GOTTFRIED WILHELM (1646–1716):
Deutscher Universalgelehrter. Als Philosoph wie als Mathematiker von erstrangiger Bedeutung. Unabhängig von NEWTON Erstschöpfer der Differential- und Integralrechnung im Sinne des «Calculus». Grundlegende Untersuchungen zur Dyadik, die zur Erfindung der «Leibnizschen Rechenmaschine» führten. Reihentheorie «Leibnizsche Reihe». L. wurde wesentlich von PASCAL angeregt.

MAURIAC, FRANÇOIS (1885–1970):
Französischer Schriftsteller und Nobelpreisträger. Mitglied der «Académie Française».

MAUROLICO, FRANCESCO (1494–1575):
Italienischer Mathematiker, Physiker (Optik) und Astronom. In seinen *Opuscula mathematica* finden sich erste Spuren zum Beweisverfahren der «vollständigen Induktion».

MÉRÉ, ANTOINE GOMBAUD, Chevalier DE (1607–1684):
Französischer Schriftsteller; Repräsentant des sog. «Honnête homme». Durch ihn wurde PASCAL mit den Glücksspiel-Problemen bekannt.

MERSENNE, MARIN (1588–1648):
Französischer Mathematiker, Physiker, Philosoph und Theologe (Minoritenpater). Gründete in Paris eine private Akademie und stand im Briefwechsel mit den bedeutendsten Gelehrten seiner Zeit, u.a. mit DESCARTES, GALILEI, FERMAT, HUYGENS und GASSENDI. – Seine *Harmonie universelle* wirkte nachhaltig auf die Wissenschaften im 17. Jahrhundert ein.

MONTAIGNE, MICHEL DE (1533–1592):
Französischer Moralphilosoph und Parlamentsrat. Weltanschaulich ausgeprägter Skeptiker. Für ihn ist die Natur Lehrmeisterin im Geiste der Stoa. Seine «Essays» übten starken Einfluß aus auf Vater und Sohn PASCAL.

NIETZSCHE, FRIEDRICH (1844–1900):
Deutscher Philosoph, von der Altphilologie herkommend. Bekämpfte u.a. das spekulative Denken. Verachtete und bewunderte zugleich BLAISE PASCAL.

PACIOLI, LUCA (ca. 1445–1517):
Bedeutender italienischer Mathematiker. Seine Schriften haben sowohl das algebraische Werk BOMBELLIS wie auch das geometrische DÜRERS stark beeinflußt. Er gab 1509 die *Elemente* EUKLIDS lateinisch heraus Der erste Teil seines Buches über den «goldenen Schnitt» wurde von LEONARDO DA VINCI illustriert. P. kannte 5 der 13 möglichen «Archimedischen Körper».

PAPPOS VON ALEXANDRIA (fl. 320–350):
Griechischer Mathematiker, Astronom und Geograph. Vermittelte nebst anderem das Werk APOLLONIOS' über die Kegelschnitte. Der «Satz von Pappos» ist ein Spezialfall des Kegelschnittsatzes von PASCAL.

PASCAL, ÉTIENNE (1588–1651):
Vater von BLAISE. Steuerkommissar im Dienste des Königs. Universal gebildet und mathematisch interessiert. Lebte in engem Kontakt mit der «Mersenneschen Akademie».

PASCAL, GILBERTE (geb. 1620):
Ältere Schwester von BLAISE; dessen Biographin. Verheiratet mit FLORIN PÉRIER.

PASCAL, JACQUELINE (geb. 1625):
Jüngere Schwester von BLAISE. Dichterisch begabt. Trat ins Kloster Port-Royal ein.

PAILLEUR, LE: cf. [1, p. 377].

PESTALOZZI, HEINRICH (1746–1827):
Schweizerischer Pädagoge und Sozialreformer.

PETIT, PIERRE (1594 od. 98–1677):
Französischer Physiker und Astronom. Gehört zum Kreis um MERSENNE. Bedeutender Konstrukteur und Sammler von Teleskopen. Wiederholte die Barometerversuche von TORRICELLI und arbeitete mit PASCAL in Rouen zusammen.

PONCELET, VICTOR (1788–1867):
Französischer Mathematiker; veröffentlichte 1822 eine neue Grundlegung der projektiven Geometrie mit Beiträgen zum Dualitätsprinzip.

RICHELIEU, ARMAND-JEAN DU PLESSIS (1585–1642):
Französischer Staatsmann und Kardinal. Seit 1624 allmächtiger Minister von LOUIS XIII.

ROBERVAL, GILES PERSONNE DE (1602–1675):
Französischer Mathematiker und Physiker. Professor am Collège Royal in Paris. Verkehrt im Kreis um MERSENNE und war mit den PASCAL befreundet. Arbeiten über Quadraturen im Kontext mit der Zykloide.

SAINT-CYRAN, ABBÉ DE (1581–1643):
Geistlicher Führer in Port-Royal vor ARNAULD.

SCHICKARD, WILHELM (1592–1635):
Professor für orientalische Sprachen und Astronomie an der Universität Tübingen. Erfand 1623 eine Rechenmaschine, deren Rekonstruktion heute im Tübinger Rathaus ausgestellt ist.

SCHOLZ, HEINRICH (1884–1956):
Deutscher Philosoph und Theologe. Arbeiten zur mathematischen Logik und Grundlagenforschung.

SCHOOTEN, FRANS VAN (1615–1660):
Niederländischer Mathematiker. Wichtige Editionen einzelner Werke von VIÈTE, DESCARTES, FERMAT, HUYGENS.

SLUSE, RENÉ-FRANÇOIS DE (1622–1685):
Jurist und Domherr aus Liège und Mathematiker («Tangentenmethode»). Briefwechsel mit PASCAL, HUYGENS, OLDENBURG u.a. Im Zusammenhang mit PASCALs Preisausschreiben leistete er eine von diesem gerühmte Quadratur der Zykloide im Hinblick auf die mathematische Eleganz.

SNOW, CHARLES PERCY Sir (geb. 1905):
Englischer Schriftsteller und Gelehrter. Er hat die These von den zwei verbindungslos nebeneinander existierenden Kulturen aufgestellt.

STEINER, JAKOB (1796–1863):
Schweizer Mathematiker. Wurde von PESTALOZZI in Yverdon unterrichtet. War einer der Hauptbegründer der «synthetischen Geometrie». Starb als Professor der Mathematik in Berlin.

STEVIN, SIMON (1548–1620):
Brügger Kriegsingenieur. Förderte die Dezimalbruchschreibweise und bewältigte Quadraturen unter Verwendung direkter Grenzübergänge. Grundlegende Arbeiten zur Hydrostatik.

TORRICELLI, EVANGELISTA (1608–1647):
Italienischer Mathematiker und Physiker. Schüler und Nachfolger von GALILEI. Bewältigte erfolgreich Quadraturen und Kubaturen und wurde in den Prioritätsstreit um die Zykloidenquadratur verwickelt. Erste Barometerversuche («Torricelli-Vacuum») mit direkter Wirkung auf PASCAL.

VALERY, PAUL (1871–1945):
Französischer Dichter. Seine kulturpolitischen Schriften bilden eine illusionslose Analyse der geistigen Situation Europas in seiner Zeit.

VIÈTE, FRANÇOIS (1540–1603):
Französischer Kronjurist und Mathematiker. Großer Systematiker der Algebra, deren moderne Symbolik er begründet. Wichtige Ergebnisse in der Gleichungslehre; Approximationsverfahren. Als Jurist hat er sich als Anwalt der verfolgten Hugenotten verdient gemacht.

VOLTAIRE, FRANÇOIS-MARIE AROUET DE (1694–1778):
Französischer Aufklärungsphilosoph, Schriftsteller, Historiker, Dichter und Dramatiker. Seine wissenschaftliche Aktivität trug wesentlich zur Verbreitung des NEWTONschen Weltbildes auf dem Kontinent bei.

WALLIS, JOHN (1616–1703):
Englischer Prediger, Mathematiker und Professor in Oxford. Seine mathematischen Bücher waren – insbesondere auf NEWTON – sehr einflußreich. Seine Beteiligung am «Zykloidenwettstreit» führte zu ernsten Zwistigkeiten mit PASCAL.

WREN, CHRISTOPHER (1632–1723):
Englischer Architekt, Astronom und Mathematiker. Erbauer u.a. der St. Pauls Kathedrale in London. Im Rahmen des «Zykloidenwettstreites» (PASCAL) leistete er als Erster eine strenge Rektifikation der gemeinen Zykloide.

Sachindex

Bildnachweis

(Die Angaben in [ ] beziehen sich auf das Literaturverzeichnis p. 162ff.)

Abb. 1, 2, 4–11, 16, 22, 29, 30, 71, 73, 75, 76, 78–80, 83, 84: [54]; Abb. 23: [1]; Abb. 28, 31, 32, 53: [4]; Abb. 33: Hans Loeffel, St. Gallen; Abb. 34, 39, 41, 42: [44]; Abb. 30, 40, 43, 45, 47: Universitätsbibliothek Basel; Abb. 35: Niedersächsische Landesbibliothek Hannover, Leibniz-Archiv; Abb. 48: E. A. Fellmann, Basel; Abb. 49: Mathematisches Institut der Universität Basel; Alle übrigen Abb.: Birkhäuser Verlag.